普通高等教育“十二五”规划教材

模具新技术新工艺概论

主　编　于丽君
副主编　李　雅
参　编　赵世友　周维智
主　审　铁维麟

机械工业出版社

全书共分8章，第1章绪论简要介绍模具的功能、分类及模具标准化的应用；第2章介绍模具的先进技术，重点介绍一些快速成型技术及设计软件的应用；第3章介绍了模具制造及检测技术；第4章重点介绍热流道等先进成型技术；第5~8章分别介绍模具光整加工技术和表面强化技术、模具材料激光束的表面改性、工模具的离子注入表面强化等技术。本书可作为高职高专院校模具设计与制造专业及相关专业的教材，也可供从事模具设计与制造的技术人员参考。

本书配有电子课件，凡使用本书作教材的教师可登录机械工业出版社教材服务网（http：//www. cmpedu. com）下载，或发送电子邮件至cmpgaozhi@sina. com索取。咨询电话：010-88379375。

图书在版编目（CIP）数据

模具新技术新工艺概论/于丽君主编. —北京：机械工业出版社，2012.3（2022.7重印）

普通高等教育"十二五"规划教材

ISBN 978-7-111-37615-6

Ⅰ.①模… Ⅱ.①于… Ⅲ.①模具-生产工艺-高等学校-教材 Ⅳ.①TG76

中国版本图书馆CIP数据核字（2012）第033955号

机械工业出版社（北京市百万庄大街22号 邮政编码100037）
策划编辑：王英杰 责任编辑：王英杰
版式设计：霍永明 责任校对：张晓蓉
封面设计：鞠 杨 责任印制：李 昂
北京中科印刷有限公司印刷
2022年7月第1版第4次印刷
184mm×260mm · 8印张 · 195千字
标准书号：ISBN 978-7-111-37615-6
定价：27.00元

电话服务	网络服务
客服电话：010-88361066	机 工 官 网：www. cmpbook. com
010-88379833	机 工 官 博：weibo. com/cmp1952
010-68326294	金 书 网：www. golden-book. com
封底无防伪标均为盗版	机工教育服务网：www. cmpedu. com

前　言

模具是制造业的重要基础工艺装备。制造业，特别是装备制造业的整体能力和水平，与模具产业的发展水平关系极大。用模具生产制品所达到的高精度、高生产率和低消耗的优点使模具工业在制造业中的地位愈来愈重要。

要生产一套高精密、长寿命的模具，设计是基础，材料与制造是实现设计目标的基本保证。其中，在合理选材的前提下，对模具材料的强化是模具制造的重要环节，直接决定了模具的使用性能和最终寿命，是实现模具可靠性设计目标的重要保证。

近几年，材料强化技术发展迅速，新技术、新工艺不断涌现，特别是先进的表面技术已成为新材料、光电子等产业的基础技术之一，其用于模具材料上更是前景极为广阔。

我国模具工业的发展经历了一段艰辛的历程。

制约模具行业发展的因素主要有三个方面：质量、成本和工期。为了提高质量、降低成本和缩短工期，提高模具的设计与制造水平更显重要。

本书主要介绍模具材料强化的新技术、新工艺，以及这些新技术、新工艺在模具材料强化中的应用成果，使读者对现代模具材料强化技术的基本原理有所了解，以推进其发展。

本书由于丽君编写第 1、3、5、8 章，李雅编写第 2 章和第 4 章，赵世友编写第 6 章，周维智编写第 7 章。全书由于丽君任主编并负责全书统稿和修改，李雅任副主编。本书由铁维麟教授审阅。由于编者水平所限，书中不可避免地存在缺漏之处，诚请广大读者提出宝贵意见。

在本书编写过程中，沈阳大学铁维麟教授给予了大力支持与帮助，在此表示衷心的感谢！

编　者

目　　录

第1章　绪　　论

【本章应知】

本章主要讲述了模具与模具工业、模具行业的发展、模具标准化。

【本章应会】

通过本章的学习，了解我国模具工业的发展历史；

熟悉快速经济制模技术的应用和模具工业的特点；

了解模具制造技术的应用标志是数控加工技术和计算机应用技术。

1.1　模具与模具工业

模具是一种专用工具，可装在各种压力机上，通过压力把金属或非金属材料制造成为所需要零件形状的制品。模具是工业生产中的基础设备，是实现少切削和无切削加工不可缺少的工具，广泛用于工业生产中的各个领域。例如汽车、摩托车、家用电器、仪器、仪表、电子等行业中60%～80%的零件都需要用模具来制造；高效大批量生产的塑料件、螺钉、螺母和垫圈等标准件也需要用模具来生产；工程塑料、橡胶、压铸合金、玻璃等更需要用模具来成型；粉末冶金技术的主要设备也是模具。模具是当今工业生产中使用极为广泛的主要工艺装备，是最重要的工业生产手段和工艺发展方向。模具工业的发展水平是一个国家工业水平的重要标志之一。模具的含义见表1-1。

表1-1　模具的含义

模型、工具	模具既是制作零件（或坯件）用的模型，又是工具，是一种工艺装置；工艺装置也是产品或商品
专用	模具中有汽车模具、电视机壳模具、洗衣机内筒模具、垫圈冲模、曲轴锻模等；实际上，一副模具一般只有一种用途，不同于车床、活动扳手可以通用
一定数量	用模具生产的产品数量，有试制、小批量、中批量、大批量之分，还有多品种、小批量的概念
制造	确切地说，模具是通过对原材料的成型加工来制造产品零件的，属于制造业的范畴；另外，模具本身也要制造，要经过（包括产品、工艺与模具结构）设计才能被制造出来，之后才能用模具去成型出所需的产品。由此可见，模具有双重制造的意义。在中国及世界上大多数国家，制造业都是国民经济的基础产业之一

在世界上大多数国家和地区，模具及模具工业早已成为了一个行业，有专门的行业组织、机构指导和推动模具工业的发展。例如日本有“型技术协会”，台湾地区有“台湾模具工业同业公会”，我国有“中国模具工业协会”，并且各省市均有其分会。模具行业已成为

一个大行业，仅我国的模具企业已达数万个。

欧美模具企业有先进的技术和先进的管理，其生产的大型、精密、复杂模具对促进汽车、电子、通讯、家电等产业的发展起了极其重要的作用，也给模具企业带来了良好的经济效益。美国的模具企业，人均年销售额在 20 万美元左右；意大利的模具企业人均年销售额也在 10 万美元以上。与国内的模具企业相比，即使扣除价格因素的影响，欧美模具企业的生产效率也比我们高许多倍。要缩小与先进工业国家的差距，必须加快技术进步，提高 CAD/CAE/CAM 的应用程度，增加数控加工设备的比重，用信息技术进一步提高模具的设计制造水平。

1.1.1 模具的功能与分类

1. 模具的功能

从模具的定义中可以看出，模具的最大功能是成型出产品零件。通常，将模具的功能分为一级功能和二级功能。

（1）一级功能　模具的一级功能，就是能使原材料经过模具的成型加工而变成产品。以冲模为例，如图 1-1 所示，即能使金属板料变成钣金零件。

（2）二级功能　模具的二级功能，就是用模具成型加工出的产品具有优质、低耗，其加工过程具有高效、安全与洁净等特点。以冲模为例，大体上有图 1-2 所示的 8 项二级功能。

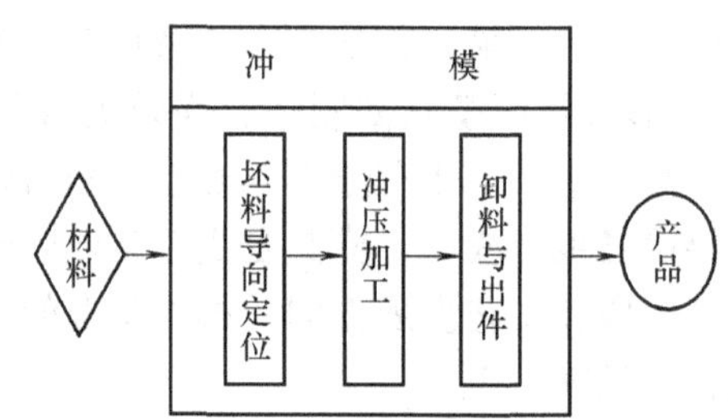

图 1-1　冲模的一级功能

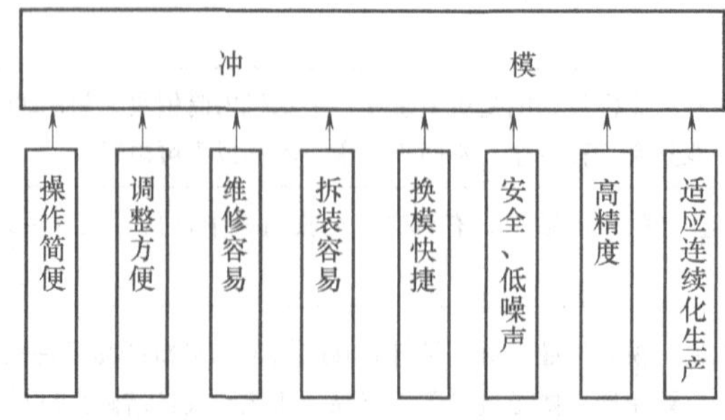

图 1-2　冲模的二级功能

2. 模具的分类

从应用范围及习惯角度，按照中国模具工业协会沿用的传统认识，视各类模具在国民经济中的应用广泛程度及从管理习惯角度，较早提出的一种划分模具类别和排定顺序的方法，即所谓“十大类”的分法，见表 1-2。

表 1-2 模具的分类（一）

<table>
<tr><th>序号</th><th>模具类别</th><th colspan="2">模具品种</th><th>成型材料及应用</th></tr>
<tr><td>1</td><td>冲模</td><td colspan="2">冲裁模（无或少废料冲裁、整修、深孔冲裁冲模等）、弯曲模具、拉深模具、单工序模（冲裁、弯曲、拉深、成型等模具）、复合冲模、级进冲模、汽车覆盖件冲模、组合冲模和电机硅钢片冲模等</td><td>金属板料、管材、棒料</td></tr>
<tr><td>2</td><td>塑料模</td><td colspan="2">挤塑模、注塑模（立式、卧式、角式注射模）、热固性塑料注射模、挤出成型模（管材、薄膜扁平机头等）、发泡成型模、低发泡注射成型模和吹塑成型模等</td><td>塑料制品成型加工工艺，热固性和热塑性塑料成型加工工艺</td></tr>
<tr><td>3</td><td>压铸模</td><td colspan="2">热压室压铸机用压铸模、立式冷压室压铸机用压铸模、卧式冷压室压铸机用压铸模、全立式压铸机用压铸模、非铁金属（锌、铝、铜合金）压铸模和钢铁材料压铸模</td><td>非铁金属与钢铁材料压力铸造成型工艺</td></tr>
<tr><td>4</td><td>锻模</td><td colspan="2">模锻锤和大型压力机用锻模、螺旋压力机用锻模、平锻机锻模等</td><td>金属零件体积成型，采用锻压、挤压等体积成型工艺</td></tr>
<tr><td>5</td><td>铸造模</td><td colspan="2">各种金属零件铸造时采用的金属模型</td><td>金属浇铸成型工艺</td></tr>
<tr><td rowspan="2">6</td><td rowspan="2">粉末冶金模</td><td>成型模</td><td>手动模：实体单向压制、双向压制手动模，实体浮动压模等
机动模：大型截面实体浮动压模，套类单向、双向压模，套类浮动压模等</td><td rowspan="2">粉末制品压坯的压制成型工艺，主要用于铜基、铁基粉末制品，机械零件，电器零件，电触头等、磁场性零件、工具材料与制品、易热零件、核燃料材料等</td></tr>
<tr><td>整型模</td><td>手动模：径向整形模、带外台阶套类全整形模、带球面件整形模等
机动模：无台阶实体件自动整形模具、轴套拉杆式半自动整形模具、轴套通过式自动整形模、轴套全整形自动模、带外台阶与带外球面轴套全整形自动模等</td></tr>
<tr><td>7</td><td>橡胶模</td><td colspan="2">橡胶制品的压胶模、挤胶模、注塑模、橡胶轮胎模、O形密封圈橡胶模等</td><td>橡胶压制成型工艺</td></tr>
<tr><td>8</td><td>玻璃模</td><td colspan="2">压吹法成型瓶罐模具、玻璃器皿用模具</td><td>玻璃制品成型工艺</td></tr>
<tr><td>9</td><td>陶瓷模具</td><td colspan="2">各种陶瓷器皿等制品用的成型金属模具</td><td>陶瓷制品成型工艺</td></tr>
<tr><td>10</td><td>经济模具
（简易模具）</td><td colspan="2">模锻锤和大型压力机用锻模、螺旋压力机用锻模、平锻机锻模等；各种紧固件冷镦模、挤压模具、拉丝模具、液态锻造用模具等</td><td>适用于多种小批量工业产品用模具，有很高的经济价值</td></tr>
</table>

从成型用材料的角度，依据自然科学中基于工程材料进行分类研究的观点，按模具所成型出产品的材料并结合工程实际，将模具分为“三大类十二小类”，见表1-3。

表1-3　模具的分类（二）

模具类别	成型模具
金属材料成型用模具	冲模
	锻模
	铸造模
	粉末冶金模
	拉丝模
有机高分子材料成型用模具	塑料模
	橡胶模
	食品模
	皮革模
无机非金属材料成型用模具	陶瓷模
	玻璃模
	水泥与混凝土模

1.1.2　模具技术的主要内容

模具技术是一门系统工程技术，它可分解出以下三个方面的技术内容：

1）模具设计技术——应用数字化设计工具进行的模具设计，包括产品设计、成型工艺设计、模具结构设计以及计算机辅助工艺设计（CAPP）和模具CAD/CAE技术。

2）模具制造技术——包括模具零件的加工方法、精度和强度保证、成本核算以及利用计算机软件的测量、数控机床与加工中心的切削加工等模具CAM技术。

3）模具的使用与保养技术——包括模具操作、拆装、保养、组织管理等以及这方面的计算机辅助技术。

1. 模具设计技术

模具设计技术是在模具设计过程中解决具体的模具设计问题的各种方法和手段。自20世纪中期以来，随着科学技术的发展和各种新材料、新工艺、新技术的出现，产品的功能与结构日趋复杂，市场竞争日益激烈，传统的产品开发方法和手段已难以满足市场的需求和产品设计的要求。计算机科学及应用技术的发展，促使工程设计领域涌现出了一系列先进的设计技术。

模具先进设计技术具有以下特征：

1）模具先进设计技术是对传统设计理论与方法的继承、延伸与扩展。模具先进设计技术对传统设计理论与方法的继承、延伸与扩展不仅表现为由静态的设计原理向动态的延伸，由经验的、类比的设计方法向精确的、优化的方法延伸，由确定的设计模型向随机的模糊模型的延伸，由单维思维模式向多维思维模式的延伸，而且表现为设计范畴的不断扩大。例如，传统的设计通常只限于方案设计、技术设计；而先进设计技术中有面向制造的设计、面向装配的设计、并行设计、虚拟设计、绿色设计、维修性设计等，这是工程设计范畴扩大的集中体现。

2）模具先进设计技术是多种设计技术、理论与方法的交叉与综合。现代机械产品（如数控机床、加工中心、工业机器人等）正朝着机电一体化，物质、能量、信息一体化，集成化，模块化的方向发展，从而对产品的质量、可靠性、稳定性及效益等提出了更为严格的要求。因此，模具先进设计技术必须是多学科的融合交叉，多种设计理论、设计方法、设计手段的综合运用，必须根据系统的、集成的设计概念设计出符合时代特征与综合效益最佳的产品。

3）模具先进设计技术实现了设计手段的计算机化与设计结果的精确化。计算机替代传统的手工设计，已从计算机辅助计算和绘图发展到优化设计、并行设计、三维特征建模、面向制造与装配的设计制造一体化，形成了 CAD，CAPP（计算机辅助工艺规程设计 Computer aided process planning design），CAM 的集成化、网络化和可视化。

4）模具先进设计技术实现了模具设计过程的并行化、智能化。并行设计是一种综合工程设计、制造、管理、经营的工作模式，其核心是在产品设计阶段就考虑产品寿命周期中的所有因素，强调对产品设计及其相关过程进行并行的、集成的一体化设计，使产品开发一次成功，缩短产品开发的周期。智能 CAD 系统是模拟人脑对知识进行处理，并拓展了人在设计过程中的智能活动。原来由人完成的设计过程，已转变为由人和计算机友好结合、共同完成的智能设计活动。

5）模具先进设计技术实现了面向产品寿命周期全过程的可信性设计。除了要求模具具有一定的功能之外，人们还对模具产品的安全性、可靠性、寿命、使用的方便性和维护保养条件与方式提出了更高的要求，并要求其符合有关标准、法律和生态环境方面的规定。这就需要对产品进行动态的、多变量的、全方位的可信性设计，以满足市场与用户对产品质量的要求。

6）模具先进设计技术是对多种设计试验技术的综合运用。为了有效地验证设计目标是否达到和检验设计、制造过程的技术措施是否适宜，全面把握产品的质量信息，在产品设计过程中，就需要根据不同产品的特点和要求，进行物理模型试验、动态试验、可靠性试验、产品环保性能试验与控制等，并由此获取相应的产品参数和数据，为评定设计方案的优劣和对几种方案的比较提供一定的依据，也为开发新产品提供有效的基础数据。另外，人们还可以借助功能强大的计算机，在建立数学模型的基础上，对产品进行数字仿真试验和虚拟现实试验，预测产品的性能；也可运用快速成型制造技术，直接利用 CAD 数据，将材料快速成型为三维实体模型，该模型可直接用于设计外观评审和装配试验，或将模型转化为由工程材料制成的功能零件后再进行性能测试，以便确定和改进设计。

2. 模具制造技术

制造模具时，不但要有合理、正确的模具设计，还必须有高效、高质量的模具制造技术作为保证，一般应满足以下几个基本要求：

1）制造精度高。为了生产出合格的产品并能充分发挥模具的效能，就要求模具的设计与制造必须具有较高的精度。模具的精度要求取决于用模具成型的制品精度要求和模具的结构设计要求。为了保证制品的精度和质量，模具与制品成型有关的零件精度通常要比制品精度高 2～3 级。另外，要保证模具的结构合理、模具开合模动作准确等精度要求，则必须要求组成模具的零件都必须有足够的制造精度。

2）使用寿命长。模具制造费用占产品成本的20%～30%，其使用寿命的长短直接影响到产品成本的高低。正因为如此，除了小批量生产和新产品试制等特殊情况外，一般都要求模具具有较长的使用寿命。在大批量生产的情况下，模具的使用寿命更加重要。

3）制造周期短。为了满足生产的需要和提高产品的竞争力，必须在保证质量的前提下尽量缩短模具的制造周期。模具制造周期的长短主要取决于模具制造企业的制造技术和生产管理水平的高低。

4）制造成本低。模具成本与模具结构的复杂程度、模具材料、制造精度要求、加工手段及加工方法等有关。模具技术人员必须根据制品要求合理地设计模具和制订其加工工艺，努力降低模具的制造成本。

上述四项要求是相互关联、相互影响的，片面地追求高精度和长寿命必然会导致模具制造成本的增加。反之，只顾降低成本和缩短制造周期而忽视模具精度和使用寿命的做法也是不可取的。在设计与制造模具时，应根据实际情况综合考虑，即要在保证制品质量的前提下，选择与制品生产量相适应的模具结构和制造方法，使模具成本降到最低。

3. 模具的使用与保养技术

模具使用与保养的目的是确保产品质量和生产的顺利进行，避免模具损坏，延长模具使用寿命。模具的保养分两个部分：一是生产中模具的保养；二是不生产模具的管理和存放。

1.2 模具工业的发展

我国早在春秋战国时期就已经开始制造和使用模具，但是一直到近代，我国的模具制造都没有形成产业。直到20世纪80年代后期，得益于制造业的快速发展和国外新技术的引进，我国模具工业开始快速发展起来。我国模具工业从起步到飞跃发展，历经了半个多世纪。现今世界模具市场总体上供不应求，市场需求量维持在600亿～650亿美元，这给我国的模具产业迎来了新一轮的发展机遇。

目前，我国有17000多个模具生产厂，从业人数50多万。1999年我国模具工业总产值已达245亿元人民币。其中，企业自产自用的约占三分之二，作为商品销售的约占三分之一。在模具工业的总产值中，冲压模具约占50%，塑料模具约占33%，压铸模具约占6%，其他各类模具约占11%。

1.2.1 我国模具工业的发展情况

近年来，我国模具制造技术不断发展，模具的加工手段从一般的机械加工、精密加工发展到广泛应用数控机床加工。我国模具工业总产值从有资料统计开始，逐年递增。20世纪末以来，我国模具工业总产值稳居亚洲第二，但进口模具仍为亚洲乃至世界第一。我国模具自主独立技术及模具工业总体技术水平仍与工业发达国家有较大差距。20多年来，我国模具工业历年产值见表1-4。

表 1-4　我国模具工业历年产值情况

年　份	模具厂家数量	总产值/亿元	进口/亿美元	出口/亿美元
1984	6 000	15	0.25	0.01
1994	10 000	130	7.65	0.39
1999	17 000	245	8.083	1.33
2000	17 000	280	9.77	1.74
2001	17 000	310	11.12	1.88
2002	17 000	360	12.72	2.52
2003	20 000	450	13.69	3.37
2004	20 000	530	18.13	4.91
2005	30 000	610	21.08	7.38
2006	30 000	710	20.47	10.41

随着国民经济的发展，机械、电子、汽车、石化、建筑五大支柱产业都要求模具工业的发展与之相适应。模具是“效益放大器”，用模具生产的最终产品价值，往往是模具自身价值的几十倍甚至上百倍。模具生产水平的高低，已成为衡量一个国家制造业水平高低的重要标志，它也在很大程度上决定着产品的质量、效益和新产品的开发能力。因此，振兴和发展我国的模具工业，受到更多的重视和关注。近年来，我国模具行业发生了许多重要的变化：大型、精密、复杂、长寿命的模具和中高档模具及模具标准件的发展速度加快；塑料模和压铸模比例增大；专业模具厂数量及其生产能力增加；“三资”及私营的模具企业发展迅速；目前发展最快、模具生产最为集中的是广东省和浙江省，江苏省、上海市、安徽省和山东省等地近几年的模具生产也有较大发展。目前，国内已能生产精度达 2μm 的精密多工位级进模，工位数最多已达 160 个，寿命为 1 亿～2 亿次。在大型塑料模具方面，现在已能生产 122cm（48in）电视的塑壳模具、6.5kg 大容量洗衣机的塑料模具，以及汽车保险杠、整体仪表板等的模具。在精密塑料模具方面，国内已能生产照相机塑料模具、多型腔小模数齿轮模具及塑封模具等。在大型、精密、复杂压铸模方面，国内已能生产自动扶梯整体踏板压铸模及汽车后桥齿轮箱压铸模。在汽车模具方面，现已能制造新轿车的部分覆盖件模具。其他类型的模具，如子午线轮胎活络模具、铝合金和塑料门窗异形材挤出模等，也都达到了较高的水平，并可替代进口模具。

早在 1989 年，在国务院颁布的《关于当前产业政策要点的决定》中，模具被列为机械工业技术改造的首位。1997 年以来，又相继把模具及其加工技术和设备列入《当前国家重点鼓励发展的产业、产品和技术目录》和《鼓励外商投资产业目录》。经国务院批准，从 1997 年开始对部分模具企业实行了增值税返还 70% 的优惠政策。国家对模具工业采取的所有这些优惠政策也将对其发展提供有力的支持。

1.2.2　国内外模具工业的发展趋势

1. 国内模具工业的发展趋势

当前，我国工业生产的特点是产品品种多、更新快，市场竞争激烈。在这种情况下，用户对模具制造的要求是交货期短，精度高，质量好，价格低。为此，模具技术的发展应该与这些要求相适应。

1）在模具的设计制造中将全面推广 CAD/CAM/CAE 技术。模具 CAD/CAM/CAE 技术是模具技术发展的一个里程碑。实践证明，模具 CAD/CAM/CAE 技术是模具设计制造的发展方向。随着计算机软件的发展和进步，全面普及 CAD/CAM/CAE 技术的条件已基本成熟，技术培训工作也日趋简化。在普及推广模具 CAD/CAM 技术的过程中，应抓住机遇，重点扶持国产模具软件的开发和应用，加大技术培训和技术服务的力度，进一步扩大 CAE 技术的应用范围。有条件的企业应积极做好模具 CAD/CAM 技术的深化应用工作，即开展企业信息化工程，可按 CAPP→PDM→CIMS→VR 的方向，逐步深化和提高。用于模具设计制造的计算机软件，将向智能化、集成化的方向发展。

2）快速成型制造（RPM）及相关技术将得到更好的发展。RPM 技术是美国首先推出的，被公认为是继数控技术之后的又一次技术革命。RPM 技术可直接或间接用于模具制造。这种制造模具的方法具有技术先进、成本较低、设计制造周期短、精度适中等特点，从模具的概念设计到制造完成，仅是传统加工方法所需时间的 1/3 和成本的 1/4 左右。RPM 技术还可以解决石墨电极在压力振动成型法中母模制造困难的问题。因此，快速制模技术与快速成型制造技术的结合，将是传统快速制模技术进一步发展的方向。用 RPM 技术制造出原型或者实物，再使用旋转铸造（用热硬化橡胶做模具），可快速、低成本地制造小批量零件，发展前景很好。

3）高速铣削加工将得到更广泛的应用。国外近年来发展的高速铣削加工，主轴转速可达 40 000 ~ 160 000r/min，快速进给速度可达到 30 ~ 60m/min，加速度可达 1 个重力加速度，换刀时间可提高到 1 ~ 2s。高速铣削加工不仅大幅度提高了加工效率，而且可获得及低于 $Ra1\mu m$ 的加工表面粗糙度值。另外，高速铣削还可加工硬度达 60HRC 的模块，是对电火花成形加工的挑战。高速铣削加工与传统切削加工相比还具有温升低（加工工件约升高 3℃）、热变形小等优点。

目前高速铣削加工向更高程度的敏捷化、智能化、集成化方向发展。当然，高速铣削必须与相应的软件、加工工艺、刀具及其夹紧头相配合。高速铣削加工技术的发展，促进了模具加工技术的发展，特别是为汽车、家电行业中大型型腔模具的制造注入了新的活力。

4）模具高速扫描及数字化系统将在逆向工程中发挥更大的作用。高速扫描机和模具扫描系统提供了从模型或实物扫描到加工出期望的模型所需的诸多功能，大大缩短了模具的研制周期。目前，该系统已在我国 200 多家模具厂中得到应用，并取得良好的效果。有些快速扫描系统，可安装在已有的数控铣床及加工中心上，用雷尼绍的 SP2-1 扫描测头实现快速数据采集，采集的数据通过软件可自动生成各种不同数控系统的加工程序以及不同格式的 CAD 数据，用于模具制造业的逆向工程。高速扫描机扫描速度最高可达 3m/min，大大缩短了模具制造周期。

模具扫描系统已在汽车、摩托车、家电等行业得到成功应用。逆向工程和并行工程也将在今后的模具生产中发挥越来越重要的作用。

5）电火花加工技术在模具制造中将得到发展。目前，电火花加工技术有两方面的新发展。

① 电火花铣削加工技术也称为电火花创成加工技术，这是一种取代传统的用成形电极加工型腔的新技术。它是用高速旋转的、简单的管状电极作三维或二维轮廓加工（像数控铣削一

样），因此不再需要制造复杂的成形电极，这显然是电火花成形加工领域的重大发展。

② 电火花套料加工技术的基本原理与一般的电火花成形加工和电火花线切割加工的原理一样，都是基于电极间脉冲放电时的电火花腐蚀原理。所不同的是：电火花套料加工所要求的电极与电火花成形加工的加工电极不太相同，所用的电极一般采用纯铜管或纯铜丝弯成相应的形状，或采用其他形状纯铜坯料加工成所需的形状。它比电火花成形加工的电极更加节省材料，还可以做出比电火花成形加工电极更复杂的异形电极。目前，电火花套料加工有两种套料的方法：一个是采用管状电极套料加工；另一个是采用线框电极套料加工。电火花套料加工具有高效、高速和省材的特点，比实心电极加工的效率要高 4.8 倍，而且被套出的材料还可以另作他用。例如，在橡胶模制造中，橡胶模型腔通过电火花套料加工，一次加工可同时得到两个成形零件。预计这一技术将在模具制造中得到更进一步的发展和应用。

6）超精加工和复合加工将得到发展。航空航天等部门已应用纳米技术，为此必须要有超高精度的模具制造技术和超高精度的零件。随着模具向精密化和大型化的方向发展，精度小于或等于 1μm 的加工技术和集电、化学、超声波、激光等于一体的复合加工技术将得到发展。专家预计，兼备其中两种以上工艺特点的复合加工技术在今后的模具制造中将有广阔的前景。

7）热流道技术将得到推广。由于采用热流道技术的模具可提高制件的生产率和质量，并能大幅度节省制件的原材料和节约能源，所以这项技术是塑料模具的一大变革，目前已得到广泛应用。国外热流道技术的发展很快，许多塑料模具厂生产模具的过程中已大量采用热流道技术，效果十分明显。国内近几年来已开始推广应用，但总体还不到 10%，个别企业达到 30% 左右。制订热流道元器件的国家标准，积极生产价廉高质量的元器件，是发展热流道技术的关键。

8）气体辅助注射技术和高压注射成型等工艺将进一步发展。气体辅助注射成型是一种塑料成型的新工艺，它具有注射压力低、制品翘曲变形小、表面质量好以及易于成型、壁厚差异较大的制品等优点，并可在保证产品质量的前提下，大幅度降低成本。国内在汽车和家电行业中正逐步推广此工艺。气体辅助注射成型包括塑料熔体注射和气体注射成型两部分，与传统的普通注射工艺相比，它需要确定和控制更多的工艺参数；同时，由于气体辅助注射常用于较复杂的大型制品的制造，模具设计和控制的难度较大，因此，开发气体辅助成型流动分析软件显得十分重要。为了确保塑料制件的精度，继续研究发展高压注射成型工艺与模具以及注射压缩成型工艺与模具尤为重要。

9）进一步开拓、应用模具液压成形技术。液压成形工艺是模具成型技术采用的一种工艺手段，过去在带轮等类似的产品上得到广泛应用。目前，该技术已拓展到汽车行业，在汽车零部件的制造中得到运用。其工艺过程是：在管件或两层钢板间，在密封的条件下通过注入高压油，使其按模具的型腔压制成所需形状的制件。该方法简化了模具结构和减少了模具数量，克服了在常规成形过程中材料严重变薄的问题，提高了产品质量，并大幅度降低了生产成本。现在上海大众汽车公司的 B5 车型副车架产品就采用该工艺成形。

然而由于成形工艺的限制，该技术尚不适宜制造某些沿纵轴截面弯曲变化大的构件；另外，目前尚不能解决还存在成形介质（高压油）传输到板材或管件之间的引入问题。因此，该工艺还有待进一步发展，使其在更多领域得到应用。

10）模具标准化程度将不断提高。我国模具标准化程度正在不断提高，目前我国模具标准件的使用覆盖率已达到 40% ~45% 左右，而工业发达国家一般为 70% 左右，其中中小型模具在80%左右。为了适应模具工业的发展，模具标准化工作必须要加强，模具标准化程度将进一步提高，模具标准件生产也必将得到发展。

11）模具的研磨抛光将向自动化、智能化方向发展。模具表面的精加工是目前模具加工中未能很好解决的难题之一。模具表面的质量对模具的使用寿命、制件的外观质量等方面有较大的影响。日本已研制了数控研磨机，可实现三维曲面模具的自动化研磨抛光。我国目前仍以手工研磨抛光为主，不仅效率低（约占整个模具周期的1/3），而且工人劳动强度大、质量不稳定，这些都制约了我国模具加工向更高层次的发展。因此，研究抛光的自动化、智能化是抛光的重要发展趋势。

另外，由于模具型腔形状复杂，任何一种研磨抛光方法都有一定的局限性。应注意发展特种研磨与抛光方法，如挤压珩磨、电化学抛光、超声抛光以及复合抛光工艺与装备，以提高模具的表面质量。

12）研制和发展模具自动加工系统。随着各种新技术的迅速发展，国外已出现了模具自动加工系统。这也是我国模具工业长远发展的目标。模具自动加工系统应有如下特征：多台机床合理组合；配有随行定位夹具或定位盘；有完整的机具、刀具数据库；有完整的数控柔性同步系统；有质量监测控制系统等。

13）虚拟技术将得到发展。计算机和网络的发展使虚拟技术成为可能。虚拟技术可以形成虚拟空间环境，实现虚拟合作设计、制造，合作研究开发，乃至建立虚拟企业。

2. 国外模具工业的发展动态

把塑性材料加工成大批的、统一形状部件的生产方式是现代模具制造业的基石。然而，随着制造业的不断发展，模具变得越来越复杂，要求的牢固程度也越来越高，技术难度也越来越高，产品的生命周期却越来越短，用户对模具产品也提出了更多的要求，如不用维护就可运行较长的时间，耗能低，抗磨损，便于安装更换以及具有更大的柔性等。

迫于市场竞争及用户要求不断提升的压力，模具生产厂家不得不选择更加实用有效的模具加工方式，采取更为有利的市场策略。由此，国外模具加工业呈现出以下发展趋势。

（1）全球化趋势　模具市场和模具发展的全球化是当今模具工业最主要的特征之一。模具的购买者是遍布全世界的，模具生产商也同样无处不在。模具工业的全球化发展使生产工艺简单、精度低的模具加工企业向技术相对落后、生产率较低的发展中国家迁移，而仍然保留在美国、欧洲和日本的模具生产企业则定位生产高水准的模具，这不仅是技术上的要求，更是竞争的结果。模具生产企业必须面对全球化的市场竞争，这正是模具生产商追求高效应用技术的驱动力。

（2）生产周期短　众所周知，在同样的条件下，用户为节约更多的生产时间，都愿意选择交货期短的产品。因此，模具生产厂家不得不千方百计地加快生产进度，并努力简化和废除不必要的生产工序。

（3）高速加工　近年来发展起来的高速加工对模具制造业产生了重要的影响。高速加工是由非常小的步进距和较大的进给率来实现的，通常高主轴转速能使刀具获得足够的切削力；而使用斜置的刀具进行小宽度的粗加工切削时，往往金属去除率较高，即使采用小型刀具也能达到这样的效果。在很多情况下，经过高速粗加工后的工件表面精度已经接近要求，因而半精加工操作就可省去。

高速加工使工件获得光滑的表面，同时还节省了加工时间。高速加工的典型步进距仅有

0.001in（1in = 2.54cm），而尖点只有 0.00005in 高。经过高速加工的工件表面大多数表面粗糙度值较低，无需钳工的进一步加工。

在精加工的过程中，通过增大进给率可避免由于步进距的减小而造成的工期延长，而且后续的抛光或磨削工序的废除或减少则有利于加工表面的保护。

（4）硬铣削　用充分硬化的材料加工模具的型腔是模具加工业发展的另一个重要趋势，这对锻模尤其有价值。因为与其他模具相比，锻模往往需要更高的硬度。硬铣削的粗加工和精加工是在一台机床上连续完成的。粗加工时高主轴转速及小的刀具半径所进行的轻度切削形成了足够的转矩，可以用来加工硬度高达 64HRC 的金属材料；精加工时较小的步进距保证工件能够获得极佳的表面质量。

另外，硬化材料的高速加工给加工工具提出了更高的要求。许多机床工具生产商为这种加工专门设计开发了特种磨床。在高主轴转速及高进给率的情况下，刀具需要进行轻切削，因此热稳定性和较高的力学硬度也是十分必要的。在此类加工中，高压切削液是另一个必要的条件；但也有一些刀具制造商采用干切削的方式来防止对刀具的热冲击，同时干切削也可减少环境污染。此类机床大多数适于加工锻模及中小型尺寸的模具。

（5）CAD/CAM 的快速化和智能化趋势　CAD/CAM 有三大明显的发展趋势，即实体模型、设计制造系统数据库以及车间现场 3D 程序的编制。

1）近几年工业企业对实体模型的需求尤为显著。采用实体模型益处很大，它使结构复杂的材料实体能够轻易地以一个独立实体的形式进行表达和调整，并且允许实体之间的相加和相减，以得到新的实体模型。对于机械工程师来说，实体模型的主要优点在于它能使工程师设计的产品全部由相对标准化的实体元素构成，如标准的孔、凸台、套、凸缘等。

实体模型对刀具设计师也大有用途。在某些情况下，插入的 3D 产品模型能够通过单次操作简单地从模具的型腔中减去。实体模型允许使用者在一个单独的几何模型中建造实体、表面及其他图形元素。采用某些 CAM 系统，使用者可以将这些实体模型自如地分解，或把所有的实体组合到一起，并作为一个完整的实体进行加工。

2）数据库系统是一种高度自动化的专家系统，它一般由资深的开发人员、机加工工具制造商参考大量的用户反馈共同完成，是 CAM 专家多年经验的结晶。作为一种以丰富经验为基础的系统，该数据库也为用户提供柔性的存储功能，以便用户添加自己的制造技术。

对于很多刀具生产厂家来说，能最终为他们带来实际利益的自动化 CAD/CAM 才是最重要的。在模具设计方面，一些 CAD/CAM 系统销售商如以色列的 Cimatron 技术公司、英国的 Vero 国际公司及美国的本特里系统公司已经在系统中增加了相应的模块，使常规的 CAD/CAM 系统实现了自动化功能。在加工过程中，由于实体模型是一直存在的，所以 CAM 系统能够随时把正在加工的工件与实体模型进行比较。同时使用数据库系统，CAM 系统能够识别出两条刀具轨迹之间步进距过宽的位置，并对这些步进距过宽的区域沿与原始加工轴线垂直的方向进行再加工，以确保获得最佳的表面质量。实体数据库的连续存在对高速加工尤为重要；而对于半精加工来说，永恒实体库的存在是最理想的事情。

3）在车间现场编程。近几年来，CAM 系统正逐步趋向于更容易使用，且正由 CAM 设计室重新回到车间现场。在过去的 20 年中，许多厂家最初试图把程序编制转移到编程更易控制的 CAD/CAM 设计室中，但随着切削工具的日趋复杂化，数控编程反而成了制约工业发展的瓶颈。程序编制重新转移到车间现场，并与实践结合起来，编程工具变得非常容易使用，这种障碍很快被消除。这是因为大多数刀具路线都是与加工工艺同步创造的，编程工具的适当使用削减掉了大量的数控程序编制时间。它不仅省去了 CAD 和 CAM 之间的反复修正过程，而且使生产部分获得了有效的数控程序，充分发挥生产线上工人和设备的作用。更为重要的是，创造刀具轨迹的人也是执行加工的人，这使加工者获得了实施其加工方法的机会，有助于做出更好的现场决定，选择最优化的加工方法，并及时地对加工方法进行修正。

（6）自动化　模具加工的另一个重要趋势是自动化。这听起来似乎有些不可思议，因为大多数模具都是单件生产的，它似乎应该需要柔性的加工系统，而非自动化的加工系统。但事实上，模具加工在诸多方面都表现出了小批量生产的特征。

目前，许多厂家都对自动化系统表现出了浓厚的兴趣。自动化设备在制造加工过程中能连续地自动执行操作步骤，且很少需要人的干涉。利用机器人自动化系统装载和卸载工件和刀具是许多模具厂家自动化发展的下一个目标。

（7）放电加工（EDM）　放电加工以其处理模具型腔的卓越能力而著称。放电加工被广泛应用于模具生产中，只要是模具生产厂家，几乎至少有一台放电加工设备。在过去的几年中，放电加工技术发展迅速，这使得放电加工技术在模具加工业中的作用和地位更加突出。

为实现无人照管连续操作，放电加工系统必须提供工件自动化换位和电极转变功能，这是模具加工厂家在放电加工单元上安装自动化机器人操作系统的主要目的。由于放电加工单元所采用的机器人自动化系统会很快地消耗电极，因而电极需求量大大增加，造成了电极缺乏。在美国，石墨电极的高速加工技术日渐受到人们的欢迎。钳工和抛光工艺的减少和废除为电极加工赢得了宝贵的时间，更重要的是手工工作的废除意味着正在加工的和 CAD 限定出的几何模型永远不会丢失。同时，高速加工允许厂家按照用户的实际设计要求来生产电极，如果要生产不止一个电极，还可以由加工系统“复制”出一模一样的产品。有了充足的电极，EDM 在模具加工方面就可以大显身手了，这是在多型腔模具加工方面的一个重大进步。

1.2.3　我国模具工业与国外的差距

（1）产需矛盾　工业发展水平的不断提高及工业产品更新速度的加快，对模具的要求越来越高。尽管改革开放以来模具工业有了较大发展，但无论是数量还是质量仍满足不了国内市场的需要，目前满足率只能达到70%左右，国内外各类模具的制造精度见表 1-5。造成产需矛盾突出的原因，一是专业化、标准化程度低，除少量标准件外购外，大部分工作量均需模具厂去完成，同时加工企业管理体制上的约束造成模具制造周期长，不能适应市场要求；二是设计和工艺技术落后，如模具 CAD/CAM 技术采用不普遍，加工设备数控化率低等，亦造成模具生产率不高、周期长。国内外模具生产周期见表 1-6。

表 1-5　模具制造精度

模具种类	国　外	国　内
塑料模型腔精度	0.005～0.01mm，Ra0.10～0.0050μm	0.002～0.05mm，Ra0.20μm
冷冲模尺寸精度	0.003～0.005mm，Ra0.2μm	0.01～0.02mm，Ra1.60～0.80μm
压铸模型腔精度	0.01～0.03mm，Ra0.20～0.10μm	0.02～0.05mm，Ra0.40μm
锻模精度	0.02～0.03mm，Ra0.40μm 以下	0.005～0.1mm，Ra1.60μm
级进模步距精度	0.0023～0.005mm	0.003～0.01mm

表 1-6　模具生产周期

模具种类	国　外	国　内
中型塑料模	1 个月左右	2 ~ 4 个月
高精度级进模	3 ~ 4 个月	4 ~ 5 个月
中型压铸模	1 ~ 2 个月	3 ~ 6 个月
汽车覆盖件模	6 ~ 7 个月	12 个月

（2）产品结构、企业结构　模具按国家标准分为 10 大类，其中冲模、塑料模是模具用量的主体。按产值统计，我国目前冲模占 50% ~ 60%，塑料模占 25% ~ 30%。在国外，工业发达的国家对发展塑料模很重视，塑料模比例一般占 30% ~ 40%。国内模具中，大型、精密、复杂、长寿命模具比较少，约占 20% 左右，国外为 50% 以上。此外，我国模具生产企业结构不合理，主要生产模具能力集中在各主机厂的模具分厂（或车间）内，模具商品化率低，模具自产自用比例高达 70% 以上；而国外 70% 以上是商品化的。

（3）产品水平　衡量模具产品水平的指标主要有模具加工的制造精度和表面粗糙度、加工模具的复杂程度、模具的使用寿命和制造周期等。国内模具的使用寿命与国外相比仍有很大差距，见表 1-7。

表 1-7　国内外模具的使用寿命

模具种类		国　外	国　内
压铸模	锌、锡压铸模	（100 ~ 300）万次	（20 ~ 30）万次
	铝压铸模	100 万次以上	20 万次
	铜压铸模	10 万次	（5000 ~ 10000）次
	钢铁压铸模	（0.8 ~ 2）万次	1500 次
塑料模	非淬火钢模	（10 ~ 60）万次	（10 ~ 30）万次
	淬火钢模	（160 ~ 300）万次	（50 ~ 100）万次
冷冲模	合金钢制模总寿命	（500 ~ 1000）万次	（100 ~ 400）万次
	硬质合金制冲模总寿命	2 亿次	6000 万次 ~ 1 亿次
	刃磨	（500 ~ 1000）万次/刃磨一次	（100 ~ 300）万次/刃磨一次
锻模	普通锻模	2.5 万次	（0.84 ~ 1）万次
	精锻模	（1 ~ 1.5）万次	（0.3 ~ 0.8）万次
	玻璃模	（30 ~ 60）万次	（10 ~ 30）万次

（4）工艺装备水平　我国机床工具行业已经可提供比较成套的高精度模具加工设备，如加工中心、数控铣床、数控仿形铣床、电加工机床、坐标磨床、光曲磨床、三坐标测量机等，但在加工和定位精度，加工表面粗糙度，机床刚性、稳定性、可靠性，刀具和附件的配套性方面，和国外相比仍有较大差距。

1.3　模具标准化

工业较为发达的国家对标准化工作都十分重视，因为标准化能给工业生产带来质量、效率和效益。模具是工业产品，标准化工作同样十分重要。我国的模具标准化工作起步较晚，模具标准化落后于生产，更落后于世界上许多工业发达的国家。国外许多模具生产发达的国家，如日本、美国、德国等，模具标准件的生产与供应已形成了完善的体系。我国目前虽然已有约3万家模具生产单位，模具生产规模有了很大发展，但与工业生产要求相比尚很不适应，其中一个重要的原因就是模具标准化程度和水平不高。

1.3.1 模具标准的基本技术要求

模具生产技术和制订模具技术标准的基本要求主要有以下两个方面：

1）扩大标准化程序，组织批量生产，以改善单件生产状态。因为组成模具的零部件多属于一般性机械零部件，可制定成通用标准进行批量生产。其中成型工作零件，如凸、凹模标准零件（如圆凸模、圆凹模），可组织专业化生产。

2）明确各类模具的精度要求。由于工作部分零件是根据产品零件（制件）的形状、尺寸精度等技术要求设计的，所以其精度要高于制件1～2个公差等级，且必须满足产品零件的形状和力学、物理性能等技术要求。这样，模具中的其他零部件也需相应地提高设计和制造精度等技术要求。这是制订标准模架精度和公差等级的主要依据，也是选用标准模架的重要依据。

1.3.2 模具技术标准及依据

模具技术标准是模具企业必须遵守的行业或专业规范，也是一种社会规范。模具技术标准多为推荐性标准，为非强制执行的行业规范，企业可参照执行，但参照执行的唯一要求是：以国家发布的标准为基础，制订企业标准，而企业标准的质量指标须高于或等于国标，其产品结构须比国标规定的结构更优越、更先进。自1983年9月全国模具标准化技术委员会成立以来，其组织制订的国家标准和行业标准已有940项，300余标准号，对一些使用量大、使用面广的模具基本上都制订了标准。

1.3.3 模具技术标准的分类及标准体系

模具技术标准共分四类：模具产品标准（含标准零部件标准等）；模具工艺质量标准（含技术条件标准等）、模具基础标准（含名词术语标准等）和派生标准。

标准体系表是计划与规范性的文件。它由全国模具标准化技术委员会制订、审查，由标准化管理部门审查批准，并编入国家标准体系表作为其中一部分，是其中一个支体系。

模具标准体系表主要是计划或规划制订的标准项目及项目系列，是制订模具标准项目年度计划的依据。未列入标准体系表的项目，除经批准外一般不能列入年度计划。因此，模具标准体系表必须具有科学性、实践性和严格的计划性。

模具标准体系表分五层，如图1-3所示，第一层为模具标准；第二层为模具类别（10大类）、模具名称；第三层为每类模具须制订的标准类别，包括派生标准、工艺质量标准、相关标准共三类标准的名称；第四层为在每类模具及其标准类别下，列出具体的须制订的模具标准项目系列及其名称。第五层：标准项目。

1）模具基础标准包括：冲模、塑料注射模、压铸模、锻模等模具的名词术语；模具尺寸系列；模具体系表等。

2）模具产品标准包括：冲模、塑料注射模及锻模、挤压模的零件标准；模架标准和结构标准；锻模模块结构标准等。

3）工艺质量标准包括：冲模、塑料注射模、拉丝模、橡胶模、玻璃模、锻模、挤压模等模具的技术要求标准；模具材料热处理工艺标准；模具表面粗糙度等级标准；冲模、塑料注射模零件和模架技术条件、产品精度检查标准和质量等级标准等。

4）派生标准包括模具用材料标准，如塑料模具钢、冷作模具钢、热作模具钢等标准。

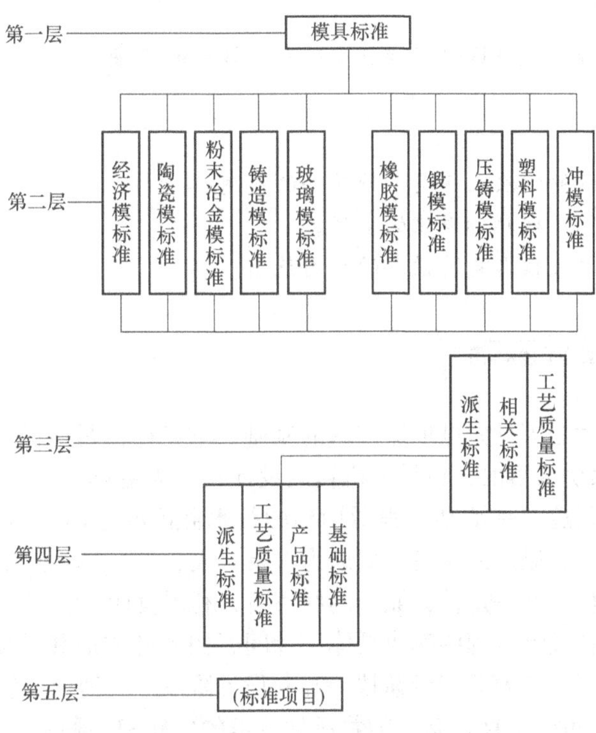

图 1-3　模具技术标准体系

1.3.4　模具标准件

在标准化的基础上，使标准文件中规定的每项标准均成为社会产品和人为的实践行为，即组织生产标准件，并转化为工业产品，实现商品化，以供企业或用户选购使用。

标准件的生产应具备的条件：

1）要有一定的生产规模，并能产生规模效益，其效益指标反映在质量和创利两方面。冲模模架的规模生产量必须在保证精度、质量的条件下，达到经济产量或一定生产规模，方能产生规模效益。

2）要保证标准件稳定的质量，须采取措施保证标准件的使用互换性和稳定的可靠性。因此，标准件生产工艺管理须规范和科学，须采用保证高精、高效的生产装备。

3）销售服务须完善，其基本条件是在保证一定库存量的前提下，使用户实现无库存管理，保证用户定量、定期获得供应，建立合作伙伴关系。

第 2 章　模具设计的先进技术

【本章应知】

本章主要讲述了模具先进设计是模具先进制造技术的基础。

【本章应会】

了解我国模具设计的方法及模具设计软件的应用；

熟悉模具制造工艺及模具标准化的应用；

了解模具制造技术及模具先进设备的应用范围。

2.1　现代模具设计基础

模具先进设计技术是模具先进创造技术的基础，它是以满足产品的质量、性能、时间、成本/价格综合效益最优为目的，以计算机辅助设计技术为主体，以多种科学方法及技术为手段，研究、改进、创造产品活动过程所用到的技术群体的总称。其内涵就是以市场为驱动，以知识获取为中心，以产品全寿命周期为对象，人、机、环境相容的设计理念。模具设计是以用户需求为目标，在一定设计原则的约束下，利用设计方法和手段创造出产品结构的过程。设计技术是指在设计过程中解决具体设计问题的各种方法和手段。随着社会的进步，人类的设计活动也经历了“直觉设计阶段→经验设计阶段→半理论半经验设计（传统设计）阶段”的过程。自 20 世纪中期以来，随着科学技术的发展和各种新材料、新工艺、新技术的出现，产品的功能与结构日趋复杂，市场竞争日益激烈，传统的产品开发方法和手段已难以满足市场需求和产品设计的要求。计算机科学及应用技术的发展，促使工程设计领域涌现出了一系列先进的设计技术。

2.1.1　现代模具设计的基础知识

1. 基础理论

模具的功能是使材料成型为产品零件，其成型过程是材料在外力的作用下发生各种变形和流动。材料的变形和流动成型可分为固态成型、液态成型及半固态成型。其成型规律的发生、控制及使其处于最优化状态的一些因素的选择确定遵循数学、物理学的基本规律，包括运动学、静力学、动力学、材料力学、热力学、电磁学、工程数学等。

模具是一种工艺装置，它是由很多模具零件组合装配在一起的。模具零件正是一些机械零件或机构，它们在材料变形力作用下发生变形，其变形形式包括拉伸、压缩、剪切、弯曲及其组合，乃至断裂。模具零件在工作时保持某种稳定的平衡状态，它们的结构尺寸、形状位置关系遵循一些基本力学、数学规律，故模具结构设计受到应用力学、数学理论的指导。因此，模具结构设计的理论自然有应用数学和物理学的基础理论，这些基础技术是现代模具设计技术的源泉。

2. 材料成型工艺技术

现代模具设计过程必然与材料成型工艺发生联系。模具设计人员理应知晓材料成型技术，应该具备其成型工艺知识。

金属材料、有机高分子材料及无机非金属材料的成型工艺有很大区别；且此三大类材料里各小类材料的成型工艺又不尽相同，各有自己的特点，可以认为，几乎每一小类材料的成型工艺技术均可发展成为一门学科、一门课程。

3. CAD/CAM/CAE 技术

3C 技术，即 CAD/CAM/CAE 技术，是进行现代模具设计必备的基础技术。其中的 CAD 是英文 Computer Aided Design 的缩写，即计算机辅助设计，是人和计算机相结合、各尽所长的新型设计方法。CAM 是英文 Computer Aided Manufacturing 的缩写，即计算机辅助制造，是利用计算机对制造过程进行设计、管理和控制。CAE 是英文 Computer Aided Engineering 的缩写，即计算机辅助工程，重点是利用计算机软件对材料变形过程、模具结构设计进行模拟分析。

模具 CAD/CAM/CAE 技术是自 20 世纪 60 年代以来迅速发展起来的、新兴的、综合性的计算机应用技术，是设计人员在计算机系统的引导与帮助下，根据一定的设计流程进行产品设计的一项专门技术，是人类的智慧和创造力与计算机软、硬件功能的巧妙结合。设计人员通过人机交互的操作方式进行产品设计构思，直观、形象地建立集合模型，快速、准确地进行性能分析和计算，进而利用专用信息库（数据库和图形库）进行结构设计、模具零部件设计，然后绘制工程图。

模具 CAD/CAM/CAE 软件已经开发了很多种，包括 UGⅡ、CATIA、Solid Eage、MDT、ME 等。这些软件是集成的、全过程驱动的工业设计 3C 软件包，它们能有效地进行概念定义、控制及评估。尤其是能对复杂模具和机械零件进行自动化设计的 CAD 系统，其包括实体建模、特征建模、自由曲面建模、用户自定义特征、工程制图、装配建模、高级装配虚拟制造、标准件库和几何公差等。CAM 则系统功能很强，包括车、铣、刨、磨等传统切削加工和先进的切削加工、线切割、先进的放电加工及切削仿真、刀具分类库等。有的软件包则具有钣金件设计、制造、排样、冲模设计功能，实现了全相关的和数字化实体模型之间的无缝数据共享等功能模块。

4. 机械加工知识

模具制造的内容，除了模具的组合装配、调试修模以外，主要是指模具零件的机械加工，它包括切削加工和热处理两个方面。

模具上的所有零件几乎都是经过切削加工完成的，其切削加工工艺有车、铣、刨、磨、钻及放电加工等。现在，这些加工基本上由在传统切削设备上的手工操作，发展到了在各种数控机床或加工中心上的数控操作，加工精度和零件的复杂程度均有极大的提高。当然，不同的模具零件有不同的功用和要求，采用的是不同的切削加工方法。此外，激光加工和超高速磨削等先进制造技术也开始应用于模具零件的制造中。

很多模具零件，尤其是模具中的工作零件及导向零件，均有一些切削加工以外的技术要求。例如，需要对它们进行热处理，提高其硬度与强度，使模具能正常工作并延长其寿命。

涉及金属材料热处理知识的内容主要有：金属学中材料的化学及力学性能，金属组织结构，金属热处理中加热、调质、渗碳、淬火、回火等，以及材料的表面改性及修饰。在此，还需要指出的是，材料热处理和材料的表面处理已发展成为两门并列的、内容相当丰富的工程科学。

5. 模具标准化知识

模具标准是指在模具设计和制造中应遵循的技术规范、基准和准则，也是模具 3C 工作的基础。世界各国对模具设计均已制订了相应的标准。我国的模具标准虽然称不上很完整、很科学，但还是有很多标准制订出来了，且已形成了一个标准体系，需要积极贯彻执行和应用。

2.1.2 现代模具设计的内容、方法、过程及程序

1. 现代模具设计的内容

传统模具设计技术以“静态、经验、类比和手工”为基本特征，在产品开发过程中，多是利用手册中的有关数据，采用较大的安全系数，强调零部件的计算。其优点是比较简单，设计费用低，但极大地限制了实际设计水平的提高，不利于发展产品创新能力。现代模具设计的内容包括计算机辅助设计、材料成型过程的数值模拟、金属塑性成型过程的优化设计方法、模具计算机辅助制造、快速成型与快速制模、模具材料及热处理、模具设计的通用基础标准等。模具设计中，应使设计技术与方法真正成为科学，运用科学思维，实现设计科学与技艺的完美结合。

2. 模具结构设计

模具结构设计的根本任务是绘图和计算。模具设计方法已经从传统的设计方法发展为现代设计方法。即便从狭义的设计角度，也可看出模具结构设计方法已经经历了两个过渡：一是从手工绘图，绘制出二维模具结构图样，包括模具装配图和模具零件图，过渡到了计算机绘图，绘制二维模具结构图及三维的模具透视图；二是从仅有的、简单的工艺计算过渡到了利用计算机及其通用、专用软件的工艺计算及变形分析模拟与动态过程描述。

3. 模具设计过程

根据产品（有时还要测绘或设计）要求，首先分析确定其加工工艺方法及过程，然后构思模具原理图，进而正式设计绘制出能实现这种工艺且符合工程规定与习惯的模具结构图样，包括模具装备和模具零件图（或者为 CAM 提供模具结构尺寸、几何公差、精度要求等的 CAD 信息）。

4. 模具设计程序

模具设计一般程序如图 2-1 所示。

2.1.3 CAD/CAM/CAE 在现代模具设计中的应用

模具作为一种高附加值的技术密集型产品，它的技术水平已经成为衡量一个国家制造业水平的重要评价指标。早在 CAD/CAM 技术还处于发展的初期，CAD/CAM 就被模具制造业竞相应用。目前，国内的模具制造企业约有 20000 家，其中约有 50% ~60% 的企业较好地应用了 CAD/CAM/CAE/PDM 技术。

1. 模具 CAD/CAM 技术的应用

模具 CAD/CAM 技术是在模具 CAD 和模具 CAM 基础上设计与制造的综合计算机化，是

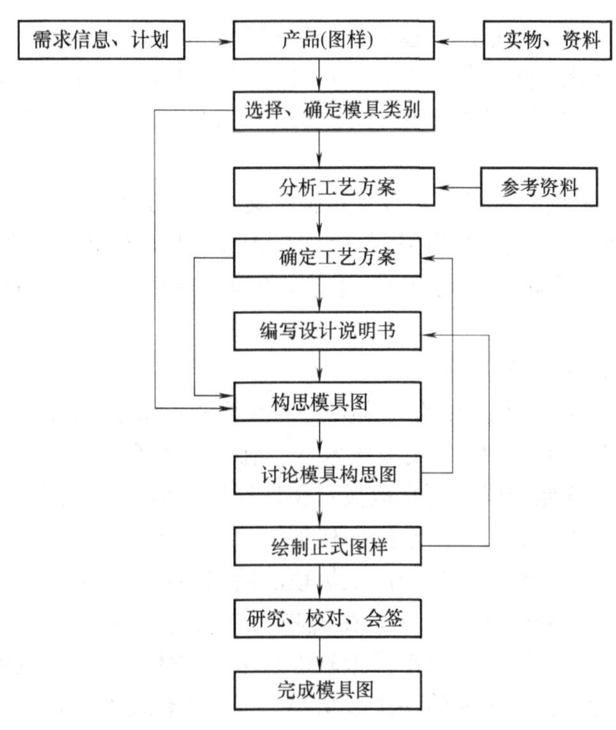

图 2-1　模具设计的一般程序

设计与制造的一体化，在模具设计中表现出如下特点：

1）模具 CAD/CAM 所包含的基本内容是计算机辅助某种类型模具的设计、计算、分析、仿真和绘图，以及数控加工自动编程等的有机集成。模具 CAD 与模具 CAM 关系十分密切，在模具生产中没有明确的分界。一般模具 CAD/CAM 系统有以下基本功能：

① 具有三维图形处理及模具设计所必需的图形处理功能。

② 具有计算功能和数据处理功能。具有模具设计的技术计算、成本估算能力，具备设计数据检索、存储等基本数据处理功能。

③ 具有数控绘图功能。

④ 具有数控机床加工自动编程功能，用于模具三维、二维及孔的加工等。

2）在模具 CAD/CAM 系统中，产品的几何模型及加工工艺等方面的信息是最基本的核心数据，是整个设计计算的依据。通过模具 CAD/CAM 系统的计算、分析和设计而得到大量信息，可运用数据库和网络技术将存储的信息直接传送到生产制造环节的各个方面，从而大大削弱了图样的作用。采用模具 CAD/CAM 技术，其作用突出表现在以下几个方面：

① 缩短了模具生产周期。设计与制造的一体化减少了中间环节的过渡时间，提高了生产率；高效加工设备的使用也节省了模具的加工时间。生产周期的缩短更有利于产品的更新换代。

② 提高了模具设计水平。在模具 CAD 系统中积累了很多前人的经验，可进行工艺参数和模具结构的优化，可以通过人机交互进行修改以发挥设计者的才智，还能利用计算机模拟增加设计的可靠性。

③ 提高了模具质量。一方面通过模具 CAD 技术保证模具设计的正确合理；另一方面模

具制造的数据直接取自系统数据库，速度快，错误少。

④ 提高了模具标准化程度。模具 CAD/CAM 技术要求模具设计过程标准化、模具结构标准化、模具生产制造过程与工艺条件标准化。反过来，模具的标准化又促进了模具 CAD/CAM 的发展。

3）模具 CAD/CAM 技术具有高智力、知识密集、更新速度快、综合性强、效益高等特点。目前我国很多中小型企业已经开始进行模具 CAD/CAM 等方面的开发工作，并引进了一些国外的 CAD/CAM 系统。但模具 CAD/CAM 系统的初期投入很大，这也是我国模具 CAD/CAM 技术发展缓慢的主要原因之一。

2. 模具 CAD/CAE 技术的应用

应用 CAD 技术可以设计出产品的大体结构，再通过 CAE 技术进行结构分析、可行性评估和优化设计。采用模具 CAD/CAE 集成技术后，制件一般不需要再进行原型试验。采用几何造型技术，制件的形状能精确、逼真地显示在计算机屏幕上；有限元分析程序可以对其力学性能进行检测。借助于计算机，自动绘图代替了人工绘图，自动检索代替了手册查阅，快速分析代替了手工计算，使模具设计师能从烦琐的绘图和计算中解放出来，集中精力从事诸如方案构思和结构优化等创造性的工作。在模具投产之前，CAE 软件可以预测模具结构有关参数的正确性。例如，可以使用流动模拟软件来考查熔体在型腔内的流动过程，以此来改进浇注系统的结构设计，提高试模的一次成功率；可以用保压和冷却分析软件来考查熔体的凝固和模具温度的变化，以此来改进冷却系统，调整成型工艺参数，提高制件质量和生产率；还可以使用应力分析软件来预测制件出模后的变形和翘曲。模具的几何数据能够直接转换为曲面的机床刀具加工轨迹，这样可以省去木模或树脂模的制作工序，提高型腔和型芯表面的加工精度和效率。当今的概念设计已不仅仅停留在对外观和结构的设计上，它已经扩展到对模具结构分析的领域。用 CAD 技术设计出的模具，可运用先进的 CAE 软件（尤其是有限元软件）对其进行强度分析、刚度分析、抗冲击实验模拟、跌落实验模拟、散热能力分析、疲劳和蠕变等分析。通过这些分析，可以检验前面的概念性结构设计是否合理，分析出结构不合理的原因和部位，然后在 CAD 软件中进行相应的修改，修改后再在 CAE 中进行各种性能的检测，最终确定满足要求的模具结构。

3. CAD/CAM/CAE 一体化

CAD/CAM/CAE 一体化集成技术是现代模具制造中最先进、最合理的生产技术。使用计算机辅助设计、辅助工程与制造系统，按设计好的模具零件分别编制该零件的数控加工程序，是从设计到制造的一个必然过程。在具有现代模具设计制造能力的工厂内，该过程都是在 CAD/CAE/CAM 系统内进行的，其加工程序直接通过联机电缆输入加工机床。在编制程序时，可以利用系统中的加工模拟功能进行细致的模拟，将零件、刀具、刀柄、夹具、平台及刀具移动速度、路径等显示出来，以便观察整个模具零件的切削过程和前后的形状，进而检查程序编制的正确性，这对于复杂得多曲面的模具零件尤为重要。在模拟检查中，如果有需要调整的地方，如某处刀具过大，不能按设计要求切削出理想的圆角等，可以重新给出适当的刀具，或决定该处使用直径较小的刀具，进行一次或多次切削加工。如果发现模拟的过程效益太低，则可重新修改走刀路线或加大粗切的刀具直径，以提高加工效率。总之，在 CAD/CAM/CAE 系统内编制和模拟加工程序可以充分发现问题，从而在加工之前将整套加工程序完善修改好，这对于高效、准确地加工模具零件有着相当重要的意义。

2.1.4 现代模具设计的通用软件

模具计算机绘图现已基本普及，模具的CAD/CAM/CAE，即模具的3C技术正在不断地发展和应用。其支撑软件有很多，这里仅简单介绍一些近年来应用较为广泛、功能较全的著名软件。

1. UG软件

UG是Unigraphics的简称，它起源于美国麦道飞机公司，以CAD/CAM一体化而著称，可以支持不同的硬件平台。它是从二维绘图、数控加工编程、曲面造型等功能发展起来的软件，主要包括绘图模块，线框，实体，曲面造型模块，装配与零件设计模块，机构设计模块，有限元前、后置处理模块，注塑流动分析模块，二次开发工具模块，数据交换与传输模块，数控加工模块等。该软件已广泛应用于机械、模具、汽车及航空领域，并且它常应用于注塑模、钣金成形模及冲模的设计和制造上。

2. Pro/E软件

Pro/E软件的全称为Pro/Engineer，是美国参数技术公司（Parametric Technology Corporation）开发的一个以特征为基础的、参数化的CAD/CAM/CAE软件产品。该软件的主要部分全部用C++语言编写，拥有真正统一的数据库。参数化、基于特征、单一数据库、全相关为软件的主要特点。目前，Pro/E共有48个模块，是从设计到分析和制造自动化程度很高的软件，并具有并行处理能力，适用于产品、模具设计等领域。

3. Cimatron软件

Cimatron软件是以色列Cimatron公司的代表产品，集绘图、设计、加工、分析于同一系统，具有唯一的数据库。该软件提供了比较灵活的用户界面、优良的三维造型、工程绘图，全面的数控加工，能完成从产品设计到制造、数据管理、逆向工程和工业设计等任务，功能强大。它采用先进的混合建模技术，实现了线框、曲面和实体造型的统一；杰出的数控加工功能全面控制加工过程；它涵盖了两轴半到五轴的铣床功能，以及钻孔、车床、冲床和线切割功能。Cimatron软件适用于汽车、航空航天、模具、机械、电子等行业。

4. SolidWorks

SolidWorks软件是世界上第一个基于Windows开发的三维CAD系统，在信息和技术方面一直保持与国际CAD/CAE/CAM/PDM市场同步。以SolidWorks为核心的各种应用的集成，包括结构分析、运动分析、工程数据管理和数控加工等，为中国企业提供了梦寐以求的解决方案。

SolidWorks是微机版参数化特征造型软件的新秀。该软件旨在以工作站版的相应软件价格的1/5~1/4向广大机械设计人员提供用户界面更友好、运行环境更大众化的实体造型实用功能。

SolidWorks是基于Windows平台的全参数化特征造型软件，它可以十分方便地实现复杂的三维零件实体造型、复杂装配和工程图的生成。图形界面友好，用户上手快。该软件可以应用于以规则几何形体为主的机械产品设计及生产准备工作中，价位适中。

5. I-DEAS软件

I-DEAS（Integrated Engineering Analysis System）软件是美国SDRC公司开发的。I-DEAS软件是一种综合性的机械设计自动化软件系统，它集成了设计、绘图、工程分析、塑料成型过程模拟、数控编程及测试等功能。IDEAS 在 CAD/CAE 一体化技术方面一直雄居世界榜首，软件内含诸如结构分析、热力分析、优化设计、耐久性分析等真正提高产品性能的高级分析功能。

6. CADDS 软件

由美国 CV（Computervision）公司研制的大型软件——CADDS 软件在模具 CAD/CAM 工作中有相当大的影响。CADDS 软件功能强大，包括三维绘图、三维建模、曲面和实体造型、线架的修剪和过渡、曲面的拼接与延伸、消隐和阴影处理以及有限元分析、动态模拟和多坐标自动编程等功能，它能满足图形数据库、非图形数据库和网络软件等各方面要求，国外许多著名模具厂均曾使用该软件。

7. Moldflow 软件

Moldflow 公司是一家专业从事塑料计算机辅助工程分析（CAE）的软件和咨询公司。Moldflow 公司是塑料分析软件的创造者，自 1976 年发行世界第一套流动分析软件以来，一直主导塑料 CAE 软件的市场。其开发的 Moldflow 软件可以模拟整个注塑过程以及这一过程对注塑成型产品的影响。Moldflow 软件工具中融合了一整套设计原理，可以评价和优化整个过程，可以在模具制造之前对塑料产品的设计、生产和质量进行优化。

8. 华正 CAXA 系列软件

华正 CAXA 系列软件由北京华正模具研究所开发，主要包括：

1）CAXA 制造工程师（CAXA-ME）是一套中文三维 CAD/CAM 软件，其强大的造型功能可快速建立各种复杂的三维模型，具有灵活多样的加工方式，可以自动生成加工刀具轨迹，通过后置处理可生成针对各种数控系统的三维数控加工代码。此外，该软件的反读代码功能可将已有加工代码反读回计算机进行仿真、检查和修改编辑。

2）CAXA 注射工艺设计（CAXA-IPD）是北京华正模具研究所和美国 ACTechnology 公司合作开发的、面向注塑行业的中文辅助分析软件。它采用国际 CAE 技术的最新成果，通过科学的分析方法，简单的操作，不仅可以预测注射工艺过程，确定优化的注射工艺参数，还可以整合塑料制品设计、注射工艺设计和注射模具设计之间的关系，达到优化设计的目的，大幅度降低塑料制品的生产成本。

3）CAXA 注射模具设计（CAXA-IMD）是一套中文注射模专业 CAD 软件。该软件提供注射模标准模架和零件库，以及塑料、模具材料和注射机等的设计参数数据库，可随时查询检索；并能自动换算型腔尺寸，对模具进行各种计算。使用该软件，设计人员不必翻找设计手册即可轻松设计模具。

2.2 逆向工程概述

第二次世界大战后，日本为了恢复和振兴本国经济，提出了“技术立国”和大力发展制造业的方针，并制定了“吸收性战略”，其认为对别国先进产品和先进技术的引进、消化、吸收、改进和挖潜，是发展自身的一条捷径。这给日本国民经济注入了新的活力，推动了日本经济的高速发展，使日本从一个落后于欧美先进国家二三十年的国家（20 世纪 50 年代），发展成为世界上仅次于美国的第二经济强国（20 世纪 70 ~ 80 年代）。在这一过程中，日本所采用的措施正是今天得到普遍重视的逆向工程技术（Reverse Engineering，RE）。

世界各国在其经济技术发展过程中，都非常重视利用逆向工程技术开展对国外先进技术的引进和研究工作，并都取得了较为显著的效果。据统计，各国70%以上的技术源于国外，而采用逆向工程作为掌握、改进和发展技术的一种手段，可使产品研制周期缩短40%以上，从而极大地提高了生产率。20世纪90年代后，数字化浪潮推动社会飞速发展，工业领域的竞争日趋激烈，企业必须不断地开发新产品、缩短产品开发周期、降低成本、提高产品质量，以增强企业在市场的竞争力，从而大大推动了逆向工程技术的研究与发展。逆向工程技术的实际应用为许多企业的发展带来了生机，进而为创新设计和各种新产品开发奠定了良好的基础。

2.2.1 逆向工程的定义和分类

1. 逆向工程的定义

传统的产品开发往往是从市场需求出发，在概念设计的基础上进行总体及零部件的设计，制订工艺规程并设计夹具，完成加工和装配，再对产品进行检验和性能测试。这种产品开发模式被称为正向工程，其设计流程如图2-2所示。这种开发模式的前提是已经完成了产品的工程图设计或其CAD模型。然而在很多场合，产品的初始信息状态并不是CAD模型，而是各种形式的物理模型或实物样件，若要进行仿制或再设计，必须以设计思想为指导，以现代设计理论、方法、技术为基础，运用各种专业人员的工程设计经验、知识和创新思维，对已有产品进行解剖、深化和再创造，使之成为新产品。这种产品开发模式即称为逆向工程，也叫反求工程、反向工程。逆向工程的设计流程如图2-3所示。

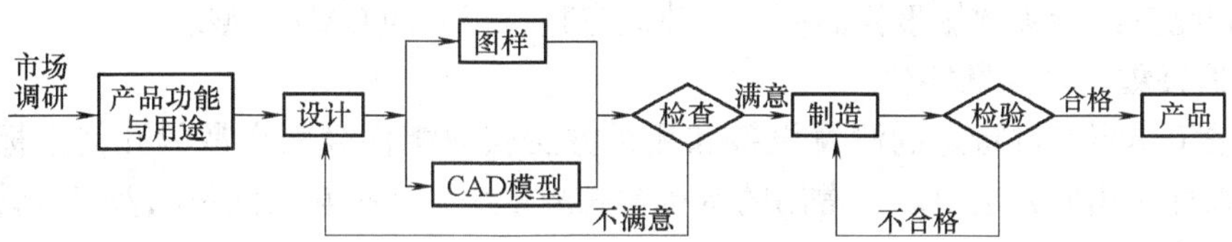

图2-2 正向工程的设计流程

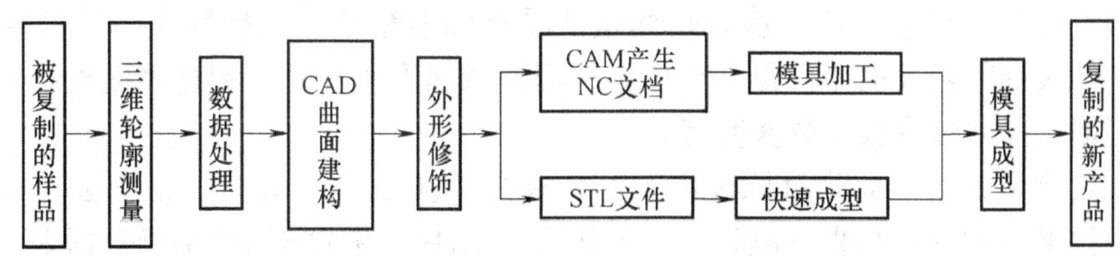

图2-3 逆向工程的设计流程

需要指出的是，逆向工程技术不同于一般常规的产品仿制。简单、低级的模仿，其产品质量和寿命周期不会有竞争力，并且是一种侵权行为，要受到知识产权保护法的制裁。而采用逆向工程技术开发的产品往往比较复杂，其通常由一些复杂曲面构成，精度要求也较高，采用常规的仿制方法难以实现，必须借助于如CAD/CAM/CAE/CAT等计算机辅助手段。

随着CAD/CAM技术的成熟和广泛应用，以CAD/CAM软件为基础的逆向工程的应用越来越广泛。其基本过程是：采用某种测量设备和测量方法对实物模型进行测量，以获取实物模型的特征参数；根据所获取的特征数据，借助计算机重构反求对象的模型；对重构模型进行必要的分析、改进和创新，进行数控编程并快速地加工出新产品。随着计算机应用技术、数据检测技术、数控技术的广泛应用，逆向工程已成为新产品快速开发的有效工具。

2. 逆向工程的分类

从广义上讲，逆向工程可分以下三类：

（1）实物反求　顾名思义，实物反求是在已有实物的条件下，通过试验、测绘和分析，提出再创造的关键。实物反求包括功能反求，性能反求及方案、结构、材质、精度、使用规范等多方面的反求。实物反求的对象可以是整机，也可以是部件、组件和零件。

（2）软件反求　产品样本、技术文件、设计书、使用说明书、图样、有关规范和标准、管理规范和质量保证手册等均称为技术软件。软件反求有三种情况：其一是既有实物，又有全套技术软件；其二是有实物而无技术软件；其三是无实物，仅有全套或部分技术软件。

（3）影像反求　无实物，无技术软件，仅有产品相片、图片、广告介绍、参观印象和影视画面等，要从中去构思、想象来反求，称为影像反求。它是反求工程中难度最大的一种。影像反求本身就是创新过程，目前还未形成成熟的技术。一般要利用透视变换和透视投影，形成不同的透视图，从外形、尺寸、比例和专业知识去琢磨其功能和性能，进而分析其内部可能的结构。

2.2.2　逆向工程的研究内容

逆向工程一般包括数据采集（产品数字化）、数据预处理、曲面重构和建立产品模型等几个阶段，其基本步骤和关键技术：一是快速准确地测出实物零件或模型的三维轮廓坐标数据；二是根据三维轮廓数据重构曲面，并建立完整、正确的CAD模型。

1. 数据采集（产品数字化）

数据采集是指通过特定的测量设备和测量方法获取零件表面离散的几何坐标数据。目前，数据采集使用的方法很多，常用的有接触式测量法、非接触式测量法及工业计算机断层扫描测量法等。

接触式测量方法通常采用三坐标测量机或机器人手臂的探头接触被测物体的表面，以获取零件表面上点的三维坐标值。接触式测量法具有测量精度、准确性及可靠性高，适应性强，不受工件表面颜色及曲率的影响等优点，但测量速度慢，无法测量表面松软的实物，且接触头易磨损，需要经常校正探头直径。

非接触式测量方法根据测量原理的不同，有光学测量法、超声波测量法、电磁测量法等。其中，技术较成熟的是光学测量法，如激光扫描法。激光扫描法由于数据采集时探头不接触零件表面，因此可以测量表面松软、薄、易变形的实物。激光扫描测量速度快、测得点的数据量大，可以充分表示零件的表面信息。

断层扫描测量是一种新兴的测量技术，可同时对零件的表面和内部结构进行精确测量，不受测量体复杂程度的限制。与其他方法相比，断层扫描测量所获得的数据密集、完整，测量结果包括了零件的结构。曲面的断层扫描测量方法有超声法（US）、工业计算机断层扫描成像技术（ICT）、磁共振成像（MRI）和层析法等。

在实物逆向工程中，数据采集阶段的技术要点是实物边界的确定和表面形状的数字化，其难点是边界的确定。目前，工程上也常采用人工测量边界或人机交互方式来定义实物的边界。

2. 数据预处理

通过测量设备对零件进行测量，所得的点数据一般比较多，尤其是应用激光扫描测量设备所得的数据有时多达几兆甚至几十兆（通常把用激光扫描法所测得的大量的点形象地称为点云）。在对这么多的点数据进行曲面重构前，应对数据采集所得到的大量数据进行预处理。数据预处理一般包括数据平滑、数据清理、补齐遗失点、数据分割、数据对齐和零件对称基准的构建等。

3. 曲面重构

根据曲面的数字信息，恢复曲面原始的几何模型称为曲面重构。曲面重构是建立 CAD 模型的基础和关键。根据重构方法的不同，曲面重构分为基于点-样条的曲面重构法和基于测量点的曲面重构法。

将测量数据重构为曲面的优点是：不但可以清除由于测量带来的误差，使曲面较为平滑；而且可以用少量的控制顶点代替大量的点云数据，以节省存储空间，从而提高运算速度。

4. 产品模型的建立

通过曲面拟合所建立的表面模型中，常常会存在间隙、重叠等缺陷，因而不能满足实体模型对几何实体的要求。为了建立实体模型，需对拟合生成的曲面进行必要的处理编辑。

在建立产品模型的过程中，特别要注意特征技术的应用。特征不仅包括含产品或零件的几何信息，而且包括非几何的功能信息、工艺信息及其他工程语义。因此，在建立产品模型时，一个重要目标就是还原这些特征以及它们之间的约束。如果仅还原几何特征而未还原它们之间的几何约束所得到的产品模型是不准确的。

2.2.3 逆向工程的应用领域

逆向工程一般用于仿制过程。传统机械的仿制技术，一般是采用靠模铣床，在仿制工程中只能作等比例的复制。采用数控仿形铣床后，虽然可以进行 X、Y、Z 三个方向上的不同比例的缩放，但是无法任意修改产品的尺寸，也就是无法在原基础上进行改型。逆向工程能够很好地解决这个问题。

逆向工程的应用可改善企业在产品开发方面的薄弱环节，提高生产率，增强市场竞争力。据统计，逆向工程作为仿制现有产品的一种手段，可使产品研发周期缩短 40% 以上，极大地提高了生产率。逆向工程的应用领域大致可分为以下几种情况。

1. 三维实体重构

三维实体重构是指没有设计图样或者设计图样不完整以及没有 CAD 模型时，在对零件原型进行测量的基础上形成零件的设计图样或 CAD 模型，并以此为依据生成数控加工的数控代码，加工复制出一个相同的零件。汽车门冲压件的三维实体 CAD 重构如图 2-4 所示。

2. 产品定型

当要设计需通过实验测试才能定型的工件时，通常采用逆向工程的方法。例如航空航天领域中，为了满足产品对空气动力学等的要求，首先要在初始设计模型的基础上经过各种性能测试（如风洞实验等），建立符合要求的产品模型。这类零件一般具有复杂的自由曲面外形，最终的实验模型将成为设计这类零件及逆向其模具的依据。

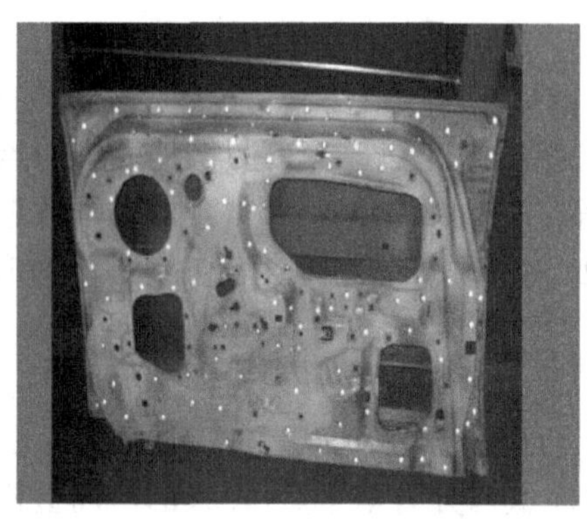

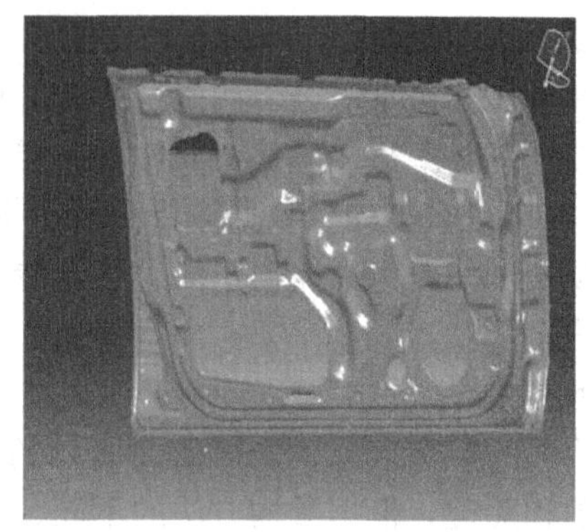

图 2-4　冲压件三维实体 CAD 重构

3. 产品修复

例如修复破损的艺术品或缺乏供应的损坏零件等，此时不需要对整个零件原型进行复制，而是借助逆向工程技术抽取出零件原型的设计思路，用以指导新产品的设计。

4. 影视、广告业

影视特技制作者需要将演员、道具等的立体模型输入计算机，才能用动画软件对其进行三维动画特技处理；游戏娱乐业需要在虚拟场景中放置逼真的三维模型；Internet 的 VRML 技术也需要三维彩色数字模型。以上这些应用都需要借助于逆向工程技术。广告产品的逆向应用如图 2-5 所示。

图 2-5　广告产品逆向

2.2.4　逆向工程在模具设计制造中的应用

在现代工业生产中，60%～90% 的工业产品需要使用模具，模具工业已经成为工业发展的基础。由于模具的生产方式和模具几何形状的特点，逆向工程技术在模具的设计制造中得到了广泛的应用。综合国内的研究现状，逆向工程技术在模具设计制造中的应用主要包含以下几个方面。

1. 根据实物样件进行的模具制造

从上游厂商接收的技术资料可能是各种数据类型的三维模型，如图 2-6 所示的根据实物样件制造汽车前照灯模具。但是，也可能面对的并非 CAD 模型，而是实实在在的实物样件，这就需要通过逆向工程技术与 CAD/CAM 系统的结合，为客户提供快速的模具设计服务。首先依据零件实物的数字化点云，用逆向工程软件构造其数字化模型，并生成实体模型；再通过对该数字化模型进行相应的工艺分析与处理，给出合理的模具设计方案，完成基于三维 CAD 的模具总体设计和结构设计。

2. 模具的修改定型

在模具制造行业中，经常需要通过反复修改原始设计的模具型面，以得到符合要求的模具；然而，这些几何外形的改变往往并未反映在原始的 CAD 模型上。借助于逆向工程的表面数字化和 CAD 模型重建功能，设计者可以建立或修改制造过程中变更过的设计模型。在重复制造该模具时就可运用这一备用数字模型生成加工程序，大大提高模具生产率，降低模具的制造成本。

图 2-6　根据实物样件制造汽车前照灯模具

3. 以样本模具为对象的消化吸收

对引进模具消化吸收、二次创新的过程中，通过分析引进的技术设计意图，结合逆向工程技术，建立其数字化模型，进行再设计。再设计时，首先对引进模具进行三维扫描，应用逆向工程软件把样件模具逆向生成 CAD 模型，然后导入 CAE 中进行计算机仿真模拟，判断成型结果是否符合实际情况。通过两者的结合，反复试验、修改、优化模具以达到消除缺陷乃至模具创新的目的。

使用逆向工程技术和仿真模拟技术进行模具设计的创新，是把现代化手段应用于技术创新中，满足国家的长远发展要求。通过将逆向工程和仿真模拟技术在模具设计中的完美结合，在充分理解原始模具的基础上加入自身的设计，从而拥有了独立的知识产权。使用逆向工程技术进行模具创新，能充分实现继承和创新相结合的思想，以前人的创新作为基础，再提高一步创新出更高水平的新产品，这是提高我国模具工业自主创新能力的必由之路。

4. 损坏或磨损模具的还原

对于汽车模具，尤其是大型覆盖件模具是汽车生产的关键性工艺装备。由于其结构尺寸大，模具型面形状复杂，尺寸精度和表面质量要求高，使得模具制造周期长，成本高，而一旦磨损或损坏，将造成极大的损失，因此其修复技术日益受到重视。模具修复就是利用材料、热处理、激光焊接或电镀、数控加工和表面工程等技术实现模具的物理修复。但是，由于缺少科学、有效的指导方法和评价标准，使得模具修复成本高，周期长，质量差，甚至造成被修模具报废。

利用基于逆向工程技术的磨损模具的建模方法，可以通过对磨损区域表面特征的识别与恢复功能，建立完整的模具 CAD 模型，然后基于恢复的 CAD 模型，应用有限元方法进行冲压成型模拟和分析计算，对修复的 CAD 模型的质量进行评价及修改，这将极大地减少模具修复的成本和强度，提高模具的使用寿命。目前，逆向工程和有限元分析技术在模具开发中已经发挥着重要作用，将这两项技术应用于模具修复，可为模具修复带来更加科学、有效的方法，从而提高模具修复的质量和效率，达到快速修复模具的目的。

5. 回弹检测与质量控制

回弹是薄板冲压成型过程中不可避免的物理现象，与模具几何形状、材料特性、摩擦接触等诸多因素密切相关。目前广泛采用的方法是用 CAE 技术，通过迭代计算获得模具最终的补偿型面。但是，由于仿真技术还无法准确计算冲压件的回弹，因此通过这种方式获得的模具补偿型面很难保证其准确性。

通过逆向工程技术为研究、解决模具设计制造中的回弹检测与质量控制提供了新的思路，即首先通过逆向工程技术建立实际冲压件的数字模型，然后将该数字模型和原始 CAD 模型进行比较，从而实现三维冲压件回弹的精确评测，避开了仿真方法无法准确计算回弹的问题，为模具的修整提供正确的指导。并且，获得实际冲压件的数字化模型后，可以将其和有限元方法计算的回弹仿真结果进行比较，获得回弹仿真计算的误差，并以该误差建立回弹仿真误差的补偿模型。

2.3　快速成型加工

快速成型加工（Rapid Prototyping Manufacturing，RPM）又称快速原型制造，是 20 世纪 80 年代国外发展起来的一种新技术，是一种用材料逐层或逐点堆积出制件的制造方法。快速成型加工综合了机械工程、CAD 技术、数控技术、激光技术及材料科学技术，它可以自动、快速、直接，精确地将设计思想转变为具有一定结构和功能的原型或直接制造零部件，从而可以对产品设计进行快速评估、修改及功能实验，缩短产品的研制周期，被誉为制造业中的一次革命。

2.3.1　快速成型加工的基本原理

快速成型制造是在计算机控制下，基于离散/堆积原理采用不同的方法堆积材料，最终完成零件的成型与制造的技术。离散过程是数字化过程，即先进行模型设计，再对模型数据进行处理，按高度方向离散化，也就是用一系列平行于 *XY* 坐标面的平面截取三维实体模型，获取各层的几何信息，用各层的层面几何信息来控制成型设备。堆积过程是实体化过程，即把二维实体逐层累积为三维实体。通过离散获得堆积的顺序、限制和方式；只有获得准确的层面几何数据，才能完成整个堆积工作。因此，离散是堆积的基础。

快速成型加工的基本原理是：用 CAD 三维造型软件设计产品的三维曲面模型，或用实体反求方法采集得到有关原型或零件的几何形状、结构和材料的组合信息，从而获得目标原型的概念，并以此建立数字化模型，即零件的电子“模型”；根据具体工艺要求，将其按一定厚度合层切片，根据切片处理得到的截面轮廓信息，通过计算机控制激光束固化一层层的液态光敏树脂，或利用某种热源有选择地喷射粘结剂或热熔材料，形成各个不同截面；每层截面轮廓成型之后，快速成型系统将下一层材料送至已成型的轮廓面上，然后进行新一层截面轮廓的成型，逐步叠加成三维产品；再经过必要的处理，使其外观、强度和性能等方面达到设计要求，如图 2-7 所示。

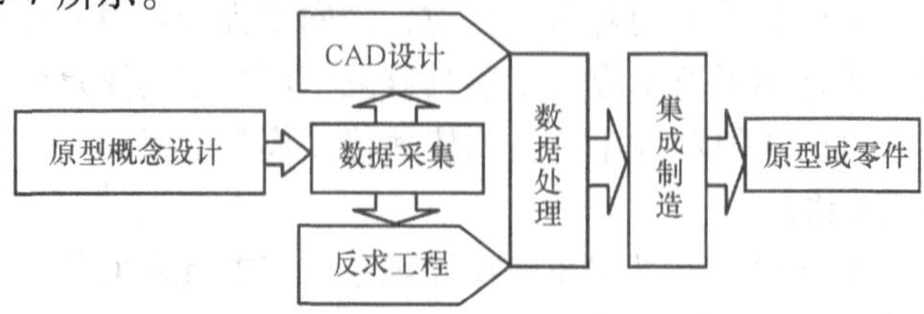

图 2-7　快速成型技术原理

2.3.2 快速成型加工的方法

目前快速成型技术有很多种，常见的典型技术有：立体印刷成型 SLA、层合实体制造 LOM、选区激光烧结 SLS 和熔融沉积制造 FDM 等。

1. 立体印刷成型（Stereo Lithography Apparatus，SLA）

立体印刷成型又称光固化立体成型，其成型设备及工作原理如图 2-8 所示。它是利用固化快速成型的加工方法，以盛于容器内的液态光敏树脂为原料，在计算机控制下，采用一定波长的紫外激光按照参数指令，以预定原型各分层截面的轮廓为轨迹逐点扫描，使被扫描区的树脂薄层在激光能量的作用下产生光聚合反应后固化，从而形成一个二维薄层截面。当第一层固化后，工作台下降相当于切片厚度的高度，在刚固化的树脂表面迅速覆盖一层新的液态树脂，激光束再按照新一层平面形状数据所给定的轨迹，扫描并进行第二层固化。新固化的一层牢固地粘合在前一层上，如此重复至整个原型制造完毕。它是快速成型制造技术最为成熟、应用最多的一种。

2. 层合实体制造（Laminated Object Manufacturing，LOM）

层合实体制造又称叠层制造，是近年来发展起来的另一种快速成型技术，它通过对原料纸进行层合与激光切割来形成零件，其层合实体制造工作原理如图 2-9 所示。它是将单面涂有热熔胶的胶纸带通过热压辊加热加压，与先前已形成的实体黏结（层合）在一起。此时，位于其上方的激光器按照分层 CAD 模型所获得的数据，将一层纸切割成所制零件的内外轮廓。轮廓以外不需要的区域，则用激光切割成小方块（废料），这些小方块在成型过程中可以起支撑和固定作用。该层切割完后，工作台下降一个切片厚度的高度，然后新的一层纸再平铺在刚成型的面上，通过热压装置将它与下面已切割层黏合在一起，激光束再次进行切割。经过多次循环工作，最后形成由许多小废料块包围的三维原型零件。最后取出原型，将多余的废料块剔除，就可以获得三维产品。胶纸片的厚度一般为 0.07 ~0.15mm。由于层合实体制造工艺无需激光扫描整个模型截面，只要切出内、外轮廓即可。因此，制模的时间取决于零件的尺寸和复杂程度，成型速度比较快，制成模型后用聚氨酯喷涂即可使用。

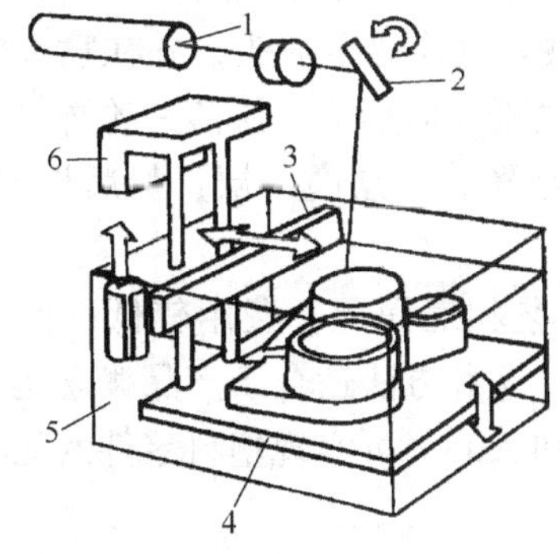

图 2-8　立体印刷成型设备及工作原理

1—激光源　2—扫描系统　3—刮刀　4—工作台
5—液槽　6—可升降工作台

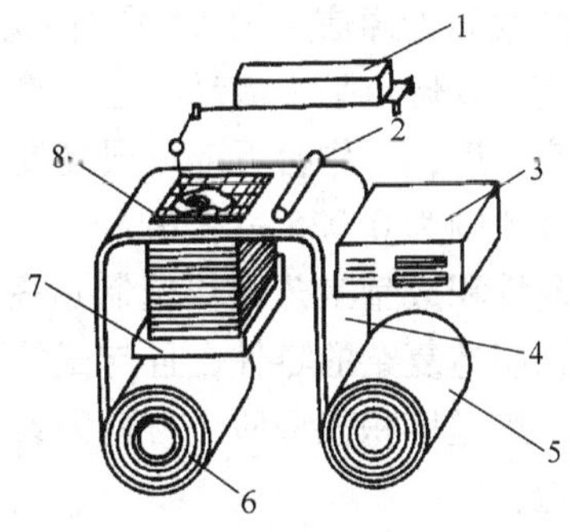

图 2-9　层合实体制造的工作原理

1—激光器　2—热压辊　3—控制计算机　4—料带
5—供料轴　6—收料轴　7—升降台　8—加工平面

3. 选区激光烧结（Selected Laser Sintering，SLS）

选区激光烧结又称选择性激光烧结，是由二维数控的激光器、工作台和上料装置三部分组成，其选区激光烧结原理如图 2-10 所示。选区激光烧结以粉末状的塑料、蜡、陶瓷、金属粉末或其他复合材料为原料。工作台和上料装置为两个平台。其中，一个供装粉末原料，由温度控制单元优化的辊子铺平材料以保证粉末的流动性；另一个用于激光烧结成型。工作开始时，铺料滚筒将粉末原料均匀地推铺在烧结成型的工作台上，用红外线板将粉末材料加热至恰好低于烧结点的某一温度；激光束在计算机数控系统的控制下，透过激光窗口以一定的速度和能量密度在选定区域（即工作截面）进行扫描烧结；经过激光扫描过的区域被烧结成型，未经扫描过的则依然是原先的粉末状原料，可将其回收再利用。扫描烧结完一层后，工作台下降一个层厚的高度，供料台上升一个层高，又开始铺新料。这样逐层铺料烧结，最后得到所需的三维工件实体。全部烧结后去掉多余的粉末，再进行打磨、烘干等处理，便获得原型或零件。

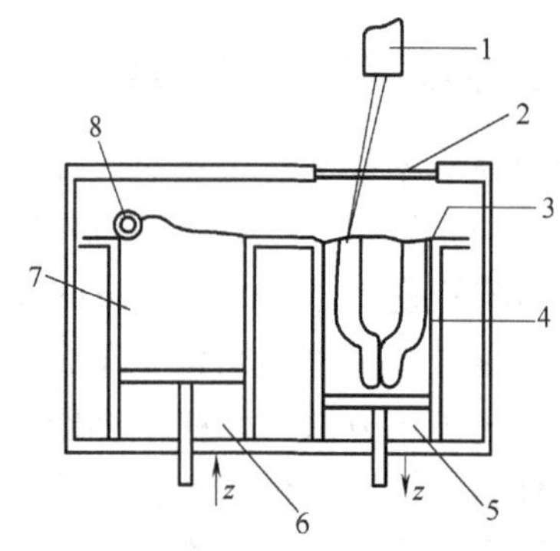

图 2-10　选区激光烧结的工作原理

1—激光器　2—激光窗　3—加工平面　4—生成的零件　5—成型活塞　6—供粉活塞　7—原料粉末　8—铺粉滚筒

采用立体印刷成型时必须设计和制作专门的支撑结构；而选区激光烧结成型时，围绕制件的粉末就构成支撑，所以无需专门的支撑结构，不但简化了设计和制作过程，而且不会由于需要去除支撑结构而影响制件表面的品质。

选区激光烧结技术常用的原料是塑料、蜡、陶瓷、金属以及它们的复合物的粉体。用蜡可做精密铸造蜡模，用热塑性材料可做消失模，用陶瓷可做铸造型壳、型芯和陶瓷件，用金属可做金属件。目前，大多数选区激光烧结技术研究集中在生产金属零件上。

4. 熔丝堆积成型（Fused Deposition Modeling，FDM）

熔丝堆积成型又称熔融沉积制造，是一种不依靠激光作为成型能源，而将各种丝材加热熔化的成型方法，其工作原理如图 2-11 所示。它是将加热喷头在计算机的控制下，根据产品零件的截面轮廓信息做 *XY* 平面运动，热塑性丝材由供丝机构送至喷头，并在喷头中被加热至略高于其熔点呈半流动状态从喷头中挤压出来，很快凝固后形成一层薄片轮廓。一层截面成形完成后，工作台下降一层高度，再进行下一层的熔覆，一层叠一层，最后形成整体。每层厚度范围为 0.025 ~ 0.762mm。

熔丝堆积成型工艺可快速制造瓶状或中空零件，工艺相对简单，费用较低；但精度较低，难以制造复杂的零件，且与截面垂直的方向强度小。这种方法适合于产品概念建模及功能测试。熔丝堆积成型所用材料为聚碳酸酯、铸造蜡材和 ABS，可实现塑料零件的无注塑模成型制造。

2.3.3　典型快速成型加工方法的比较

快速成型技术具有以下优点：

1）技术集成度高，整个生产过程数字化。

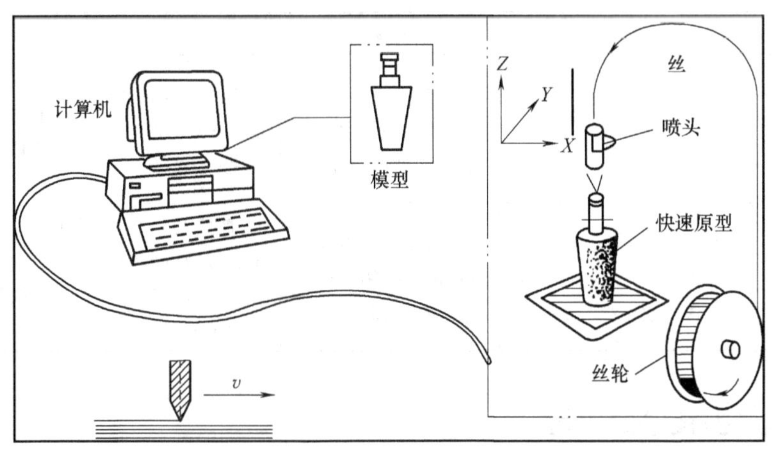

图 2-11　熔丝堆积成型工作原理

2）制造成本与产品的复杂程度无关。

3）产品的单价几乎与批量无关。

4）是一种绿色的加工技术。

以累加思想实现零件制作的快速成型技术是制造技术领域的一项重大突破，其理论、工艺的完善以及精度的提高等，对快速成型技术的普及和应用有着极其重要的影响。成型加工过程中必须保证一定的制作精度和表面质量，而影响制件精度的因素是多方面的。因此，研究影响成型加工精度的因素及改进措施，对快速成型技术的发展和普及应用具有重要的意义。快速成型加工的方法很多，每种加工方法都有各自的特点，既有优点也存在不足之处。表 2-1 列出了几种典型的快速成型加工方法的比较。

表 2-1　典型快速成型加工方法的比较

成型工艺	立体印刷成型	层合实体制造	选区激光烧结	熔丝堆积成型
成型速度	较快	快	较慢	较慢
原型精度	较高	低	较低	较低
使用材料	热固性光敏树脂	纸、金属箔带、塑料膜	石蜡、塑料、金属、陶瓷等粉末	石蜡、塑料、低熔点金属
材料利用率	约 100%	较差	约 100%	约 100%
材料价格	较贵	较便宜	较贵	较贵
设备费用	较贵	较便宜	较贵	较便宜
生产率	高	高	一般	较低
制造过程的复杂程度	中等	简单或中等	复杂	中等
支撑结构	需要支撑结构	支撑结构自动地包含在层面制造中	不需要支撑结构	需要支撑结构

（续）

成型工艺	立体印刷成型	层合实体制造	选区激光烧结	熔丝堆积成型
优点	技术成熟，应用广泛，能量低	内应力低，扭曲小，同一物体中可包含多种材料和颜色	选用材料的机械性能比较好，材料价格便宜，无气味	材料成本低，材料利用率高，能量低，物体中可包含多种材料和颜色
缺点	工艺复杂，材料种类有限，原料价格昂贵，激光器寿命低	能量高，对内部孔腔中的支撑物需要清理，废料剥离困难	能量高，表面粗糙，成型后原型疏松多孔，对某些材料需要单独处理	表面粗糙，选用材料仅限于低熔点材料

2.3.4 快速成型技术的应用

1. 在外观及人机评价中的应用

在新产品开发的设计阶段，虽然可借助设计图样和计算机模拟，但并不展现原型，往往难以做出正确和迅速的评价，因此设计师需通过制作样机模型达到检验的目的。传统的模型制作主要采用的是手工制作的方法，制作工序复杂，手工制作的样机模型不仅工期长，而且很难达到外观和结构设计要求的精确尺寸，因而其外观检查及人机设计合理性评价的功能大打折扣。快速成型设备制作的高精度、高品质样机与传统的手工模型相比，较可以更直观地以实物的形式把设计师的创意反映出来，方便对产品的外观造型和人机特性进行评价。

现在的快速成型加工得到的成型件都是单一颜色，而颜色主要由材料决定，因此为了对产品的色彩外观进行评价，有时需要手工涂色。随着彩色成型技术的发展，这方面的问题得到解决。此外，人机评价主要包括成型件尺寸及操作宜人性，快速成型可以很好地满足这方面的要求。

2. 在产品结构评价中的应用

通过快速成型制成的样机和实际产品一样是可装配的，所以它能直观地反映出产品结构设计是否合理和安装的难易程度，使结构工程师可以及早发现和解决问题。由于模具制造的费用一般很高，比较大的模具往往价值数十万乃至几百万，如果在模具开出后发现结构不合理或其他问题，其损失可想而知。应用快速成型技术制作样机，可以把问题解决在模具开发之前，大大提高了产品开发的效率。

2.3.5 快速成型技术在模具制造中的应用

随着全球经济一体化的形成，制造业的竞争越来越激烈，如何缩短生产周期、降低成本成为制造业追求的目标，因此，必须提高产品开发的速度和应用制造技术的灵活性。以快速成型方法为依托的快速模具制造（Rapid Tooling，RT）技术就是适应这种市场需求，能快捷、方便地制作工具和模具的一种新型技术。快速模具制造技术，是20世纪80年代后期发展起来的新兴技术，是传统的模具制造方法与快速成型技术相结合的产物。与传统技术相比，快速模具制造技术从产品的开发设计到原型件模型的制作，直到产品模具的制造、产品的生产都显示出了无比的优越性。从古代的手工制作到后来的CAD画图，再到现在的RT，形成了一个综合的制造系统。其应用途径为用快速成型加工技术直接制作模具，用LOM方法制作的制件经表面处理，其强度比一般木材还要高，可直接用来铸造木模；用SLS等方法则可直接制造熔模铸造用的蜡模。

利用快速成型加工技术生产模具有两种方法，即直接法和间接法。

1. 直接法

直接法生产模具还处于初步研究阶段。采用 LOM 方法直接生成的模具，可以经受 200℃的高温，可以作为低熔点合金的模具或蜡模的成型模具，还可以代替砂型铸造用的木模。

2. 间接法

（1）简易模具的制作　如果零件的批量小或用于产品的试生产，则可以用非钢铁材料生产成本相对较低的简易模具。这类模具一般用快速成型加工技术制作零件原型，然后根据该原型翻制成硅橡胶模、金属模、树脂模或石膏模；或对零件原型进行表面处理，用金属喷镀法或物理蒸发沉积法镀上一层熔点较低的合金来制作模具。

（2）钢质模具的制作

1）陶瓷型精密铸造法，在单件生产或小批量生产钢模时可采用此法。其工艺过程为：

① 快速成型加工原型做母模。

② 浸挂陶瓷砂浆。

③ 在熔烧炉中固化模壳。

④ 烧去母模。

⑤ 预热模壳。

⑥ 烧铸钢型腔。

⑦ 抛光。

⑧ 加入浇注、冷却系统。

⑨ 制成注塑模。

2）失蜡精密铸造法，即在批量生产金属模具时，先利用原型制成蜡模的成型模，然后利用该成型模生产蜡模，再用失蜡精铸工艺制成钢模具。在单件生产复杂模具时，也可以直接用快速成型加工原型代替蜡模。

2.3.6　基于 RP/RT 技术的部分快速模具制造实例

实例 1　车灯壳的硅胶制模

真空浇铸技术是快速成型/快速模具制造技术领域中较新的技术，常用于软质模具的制造。下面介绍用真空浇铸技术来制造车灯壳硅胶模的过程。

1. 试验设备

所用设备包括 MK-Mini 真空浇铸机、太阳能电子天平、静音空压机、脱模工具和耗材。模具制作材料为硅胶 T2 和硬化剂，一般按 10:1 的比例配制。

2. 硅胶模的制作过程

1）原型表面处理。用一般的快速成型方法制作的车灯原型件，其叠层断面之间一般存在缝隙或凹凸不平的台阶纹，通常需要进行防渗处理、强化处理以提高原型的抗湿性、抗热性和尺寸稳定性；同时，要对原型表面进行清洁以提高表面的光滑程度。只有原型表面足够光滑，才能保证制作硅胶模的型腔光洁，进而确保翻制的产品具有较高的表面质量和便于从硅胶模中取出。

2）计量硅胶和固化剂，混合并抽真空。首先依据原型件（车灯壳）的尺寸和形状估计原型件的体积，再计算出型箱的体积，两者相减即得所需硅胶的体积。根据硅胶的密度计算硅胶的重量和硬化剂的重量（两者比例约为10:1），然后混合并放入MK-Mini真空浇铸机里抽真空，这主要是除去胶料搅拌时混入的空气及部分反应产物。在这个过程中需要注意的是，依据估计的原型件体积来称取硅胶时要适量。型箱体积取得过小，可以降低硅胶的用量，节省制模成本，但是会影响硅胶的使用效果且不利于硅胶模的浇铸，从而使制作的模具存在缺陷；体积取得过大，既浪费硅胶，增加成本，也增加了从硅胶模中取出产品的难度。

3）选取分离面，贴胶纸并制作浇口。采用真空浇铸技术时，原则上不管多复杂的零件，包括凸、侧凹零件，都能成型。关键的问题是要正确、精确地确定分离面的位置，因为它直接影响着浇铸产品能否顺利脱模以及产品浇铸质量的好坏。浇注口的定位应该使得树脂到达型箱各个边缘的路径长短相同，这样有利于浇铸，甚至有可能省掉浇冒口。

浇注口通道位置的固定件最好用光滑的圆杆，通常使用硅胶棒。对于该车灯壳，选取下表面为分离面，并在分离面上贴上胶纸，然后用硅胶棒制作浇口。浇口位置只能选取端面位置，不能选上、下表面，因为这样会影响车灯的表面粗糙度和光学性能，从而影响质量。

4）用硅胶浇注，再抽真空固化并烘干。把排气过的硅胶小心地从侧面倒入型箱，硅胶沿着一侧的箱壁进入型箱，直到原型件全部没入硅胶内。把型箱放入MK-Mini系统中，再次进行抽真空，其目的主要是脱去在浇注时因吸附或受堵面残存在胶料中的气泡。这些气泡对模具质量有极大的影响，脱除不彻底会在模具表面产生气孔等缺陷。对此排气进行的时间大约50min，然后将硅胶从真空室里取出，放入烤箱中烘干，对硅胶进行加速硬化。

5）脱模。在硅胶硬化后，模具就可以打开了。在打开之前通过浇注口通入压缩空气，使得模具与原型件分开，便于下一步脱模。首先用笔在分离面画出波浪线形的分割线，再用小刀按波浪线切开硅胶模。由于硅胶的透明性，小刀切割的过程可以很清楚地看到。这里要注意小刀在尽可能地对着分离面，以防切开的截面与分离面离得太远。为防止浇注时模具的错位，切割模具时，切口应切成锯齿状。利用脱模工具将原型件取出后，将硅胶上残留的胶带和硅胶屑去掉，车灯的硅胶模具就制作出来了。利用这个模具就可以制作出许多色彩不同但形状相同的车灯壳产品。

3. 产品的制作

把制作好的两半硅胶模具盖上并用钉针固定；先抽真空然后再放入真空浇铸机中，使浇注口对准漏斗嘴，把产品材料放入MK-Mini浇铸机的杯中，起动机器；通过浇道浇注，完成后取出模具进行烘干，待固化后，再取出模具开模，这样产品就被制造出来了。产品可以根据需要选择不同的颜色。从实验中可知，采用这种快速模具制造技术制作的产品无论是在质量、式样，还是表面精度，与原型件相比都不逊色，完全能满足快速生产的要求。

实例2　大型汽车覆盖件模具的快速制作

传统的大型汽车模具制造方法是首先通过铸造获得型坯，然后通过机加工的方法对型坯进行加工来保证模具的尺寸。传统的模具加工方法存在的缺点为：制造周期长，成本高，降低模具开发的周期和成本成为亟待解决的问题。

快速模具制造（RT）是一种新型的工艺，其方法之一是通过快速成型制造（RP）获得原型，通过无焙烧陶瓷型技术将原型转换为陶瓷型，再进行精密铸造，获得尺寸精度较高、表面粗糙度良好的铸件，经抛光处理后即得到所制造的模具。

清华大学激光快速成型中心与一汽集团、一汽模具技术有限公司合作采用 RP/RT 技术制作大型汽车覆盖件模具，制作步骤如下：

1）用 Pro/E 造型软件做出 CAD 模型，应用 MARC 非线性有限元分析软件对铸件凝固过程的尺寸精度进行有限元分析，修改 CAD 模型。

2）采用 LOM 工艺制造模具凸、凹模工作部分的原型。在北京殷华激光快速成型与模具技术有限公司生产的 M-RPMS-Ⅱ型设备上，应用 LOM 分层实体制造工艺，采用 YHCP-1004 涂覆纸，完成模具凸、凹模的原型制作，其余部分由砂型制造。

3）利用无焙烧陶瓷转换技术将模具的凸、凹模原型转换为陶瓷型，陶瓷型凝固时间为 8～10min，表面粗糙度值为 $Ra0.8 \sim Ra3.2\mu m$。

4）采用陶瓷型精密铸造与消失模铸造技术相结合的方法制造凸、凹模（包括工作部分和其他部分）。

5）对铸造得到的模具进行简单的抛光、打磨，获得所需的模具。

北京殷华激光快速成型与模具技术有限公司采用 RP/RT 技术完成了大型汽车覆盖件模具的凸、凹模制作。这是一个试验用板料冲压模具，它的成功开辟了一条大型覆盖件模具制造的新路。

2.3.7 快速模具制造技术的发展趋势

快速模具制造技术是在与传统的机械加工模具制造技术的竞争中产生并发展起来的。虽然近年来高速铣削技术得到迅速发展，其高达每分钟十多万转的铣削速度和良好的表面精度已大大提高了机械加工模具制造技术的竞争力；再加上电火花加工技术，使机械加工模具制造技术成为快速模具制造技术强大的竞争对手。但是，在制造表面带微细形状、流道复杂的模具，以及具有梯度功能的材料和不同材质的表面的模具等方面，快速模具制造技术也有着机械加工无可比拟的优势。

目前，中国的汽车、家电、电子/通信、轻工等诸多行业中，新产品的开发越来越离不开快速模具制造技术。对于该技术在中国的发展，我们的长远目标是开发出具有原创性的短流程、高精度的快速模具制造所需的新材料和新工艺，以形成具有中国自主知识产权的快速模具制造核心技术。而当务之急则是加大对大中型、复杂形状、耐久性、高精度金属模具的快速及低成本制造新工艺和新材料的开发力度。

快速成型技术可以大大缩短产品的开发周期，满足产品的个性化、多样化需求，在工业设计中得到广泛应用。但由于该技术的制作精度、强度和耐久性还不能满足工程实际的需要，加之设备的运行及制作成本高，一定程度上制约着 RP/RT 技术的普遍推广。随着研究的不断深入，制约快速成型技术发展的因素会逐步解决，快速成型技术的应用领域会不断得到拓展。

第 3 章　模具制造及检测技术

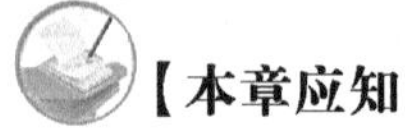

【本章应知】

1. 清楚模具制造技术的种类；
2. 了解各类技术的应用场合；
3. 了解各类技术的工艺特点。

【本章应会】

1. 能够合理选择模具加工方法；
2. 掌握各类制造技术的简单加工。

3.1　模具的数控加工技术

数字控制（Numerical Control，NC）是一种自动控制技术，国家标准 GB/T 8129—1997《工业自动化系统　机床数值控制　词汇》中将其定义为“用数值数据的控制装置，在运行过程中，不断地引入数值数据，从而对某一生产过程实现自动控制。”简称数控。数控技术是集机械、电子、自动控制理论、计算机和检测技术于一体的机电一体化高新技术，它是实现制造过程自动化的基础，是自动化柔性系统的核心，也是现代集成制造系统的重要组成部分。数控加工是指数控机床在数控系统的控制下，自动地按预先编制好的程序进行机械零件加工的过程。

数控技术至今已有 50 余年的发展历程，其间可分为两个阶段共六代：

第一阶段是硬件数控（NC）阶段，经历了电子管时代（1952 年）、晶体管时代（1959 年）、中小规模集成电路时代（1967 年）。

第二阶段是计算机数控（CNC）阶段，历经了小型计算机时代（1970 年）、微处理器时代（1974 年）、基于 PC 机时代（1990 年）。

采用数控技术控制的机床，或者说装备了数控系统的机床便称之为数控机床。数控机床是机电一体化的典型产品，是集机床、计算机、电机及拖动、自动控制、检测等技术为一体的自动化设备。数控机床装有程序控制系统，该系统能够处理使用代码或其他编码指令的程序。1952 年美国麻省理工大学制造生产了第一台数控机床。

3.1.1　数控机床

1. 数控机床的定义

数控机床是用计算机通过数字信息来自动控制机械加工的机床。具体地说，数控机床是通过编制程序，即通过数字（代码）指令来自动完成机床各个坐标的协调运动，正确地控制机床运动部件的位移量，并且按加工的动作顺序要求自动控制机床各个部件动作（如主轴转速、进给速度、换刀、工件夹紧与放松、工件交换、切削液开关等）的机床。它是集计算机应用技术、自动控制、精密测量、微电子技术、机械加工技术于一体的一种高效率、高精度、高柔性和高自动化的光机电一体化数控设备。

2. 数控机床的组成

数控机床一般由数控系统、伺服系统、主传动系统、强电控制装置、机床本体和各类辅助装置组成。图 3-1 所示为一种较典型的现代数控机床的构成框图。

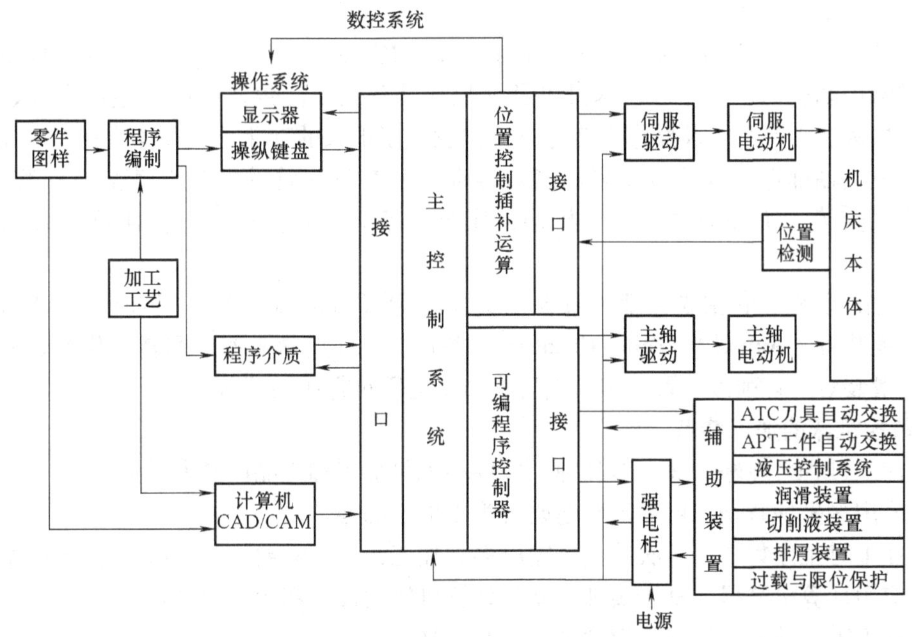

图 3-1　典型的现代数控机床的构成

（1）数控系统　数控系统是机床实现自动加工的核心部分，主要由操作系统、主控制系统、可编程序控制器、各类 I/O 接口等组成。其主要功能有：多坐标控制和多种函数的插补（如直线插补、圆弧插补等）、多种程序输入功能以及编辑和修改功能、信息转换功能、补偿功能；多种加工方法选择、显示功能、自诊断功能、通信和联网功能。可编程序控制器主要用于开关量的输入与控制，如主运动部件的变速、换向和起停，冷却、润滑的起停，工件和机床部件的松开、夹紧，选择和交换刀具，分度工作台的转位等。

（2）伺服系统　它是数控机床的执行部分，主要由伺服电动机、驱动控制系统及位置检测反馈装置等组成，与机床上的执行部件和机械传动部件组成数控机床的进给系统。它根据数控装置发来的速度和位移指令控制执行部件的进给速度、方向和位移。伺服驱动系统有开环、半闭环和闭环之分。在半闭环和闭环伺服驱动系统中，还要使用位置检测装置去间接或直接测量执行部件的实际进给位移，并与指令位移进行比较，按闭环原理将其误差转换放大后控制执行部件的进给运动。

（3）主传动系统　它是机床切削加工时传递转矩的主要部件之一，一般分为齿轮有级变速和电气无级调速两种类型。较高档的数控机床都要求实现无级调速，以满足各种加工工艺的要求。主传动系统主要由主轴驱动控制系统、主轴电动机以及主轴机械传动机构等组成。

（4）强电控制装置　强电控制装置是介于数控装置和机床机械、液压部件之间的控制系统，主要由各种中间继电器、接触器、变压器、电源开关、接线端子和各类电气保护元器件等构成。其主要作用是接收数控装置输出的主运动变速、刀具选择交换、辅助装置动作等指令信号，经必要的编译、逻辑判断、功率放大后直接驱动相应的电器或液压、气动和机械部件，以完成指令所规定的动作。此外，行程开关和监控检测等开关信号也要由强电控制装置送到数控装置进行处理。

（5）机床本体　它指的是数控机床的机械结构实体。它与普通机床相同，也由主传动机构、进给传动机构、工作台、床身以及立柱等部分组成。数控机床的整体布局、外观造型、传动机构、刀具系统及操作机构等方面都发生了很大的变化，主要体现在：采用高性能的主传动及主轴部件，进给传动采用高效传动件，有较完善的刀具自动交换和管理系统，有工件自动交换、工件夹紧与松开机构，床身机架具有很高的动、静刚度，采用全封闭罩壳。

（6）辅助装置　它主要包括刀具自动交换装置（Automatic Tool Changer，ATC）、工作台自动交换装置（Automatic Pallet Changer，APC）、工件夹紧机构、回转工作台、液压控制系统、润滑装置、切削液装置、排屑装置、过载与限位保护装置等。

3. 数控机床的加工特点

1）加工过程柔性好，适宜多品种、单件小批量加工和产品的开发试制。

2）采用多坐标联动，可加工其他设备难以加工的零件。

3）加工时工序集中，一次装夹可完成多处加工，且不需要钳工划线，生产率高。

4）应用计算机编程，易于实现产品的计算机辅助设计和制造（CAD/CAM）。

5）加工零件的质量稳定，精度高，一致性好。

6）改善劳动条件，减轻工人劳动强度。

7）设备昂贵，投资大，对工人技术水平要求高。

3.1.2　模具数控加工的特点及应用

模具是目前应用数控加工最为广泛的一个行业。模具具有结构、型面复杂、精度要求高、使用的材料硬度高、制造周期短等特点。模具制造是一个生产周期要求紧迫，技术手段要求较高的复杂的生产过程。每一副模具都是一个新的项目，都有着不同的结构特点。模具的开发并非最终产品，而是为新产品的开发服务。一般企业的新产品开发在数量上、时间上并不固定，从而造成模具的生产随机性强、计划性差。此外，模具在开发过程中常常有更改，或者在试模后对产品的形状或结构要作调整，而这些更改需要重新加工模具。应用数控加工技术加工模具可以大幅度提高加工精度，减少人工操作，提高加工效率，缩短模具制造周期。

1. 模具数控加工的特点

1）模具为单件生产，故数控加工的编程工作量大，对数控加工的编程人员和操作人员的要求高。

2）模具的结构部件多，通常有模架、型腔、型芯、镶块或滑块、电极等部件，这些部件都需要通过数控加工成形，数控加工工作量大。

3）模具的型腔面一般较为复杂，而且对成型产品的外观质量影响较大，因此在加工型腔表面时必须达到足够的精度。

4）应尽量安排在一次装夹下完成模具部件多个工序的加工，这样可以避免因多次安装造成的定位误差并减少安装时间。合理安排加工次序和选择刀具是提高加工效率的关键。

5）模具的精度要求高，所以在进行数控加工时必须严格控制误差。

6）模具通常是“半成品”，所以加工时要考虑到后续工序的加工方便，如为后续工序提供便于使用的基准等。

7）模具材料通常是很硬的钢材，硬度一般在50HRC以上，所以数控加工时必须采用高硬度的硬质合金刀具来加工。

8）模具加工中，对于尖角、肋条等部位，无法用机加工加工到位，需要进行电火花加工。

9）模具加工时应尽量采用标准件，这样可以减少加工工作量；同时，在模具设计制造过程中应使用标准的设计方法，如将孔的直径标准化、系列化，可以减少换刀次数，提高加工效率。

2. 数控加工在模具制造中的应用

数控加工的方式很多，包括数控铣削加工、数控电火花成型加工、数控电火花线切割加工、数控车削加工、数控磨削加工以及其他一些数控加工方式。这些加工方式为模具制造提供了丰富的生产手段，其中应用最多的是用数控铣床及加工中心加工，其次，数控线切割加工与数控电火花加工在模具数控加工中的应用也非常普遍。数控铣床主要用于加工复杂的外形轮廓或带曲面模具及电火花成型加工用的电极，如注塑模、压铸模等都可以采用数控铣削加工。对于微细复杂形状、特殊材料的模具、塑料镶拼型腔及嵌件、带异形槽的模具，都可以采用数控电火花线切割加工。模具的型腔、型孔，可以采用数控电火花成型加工，包括各种塑料模、橡胶模、锻模、压铸模、压延拉深模等。对精度要求较高的解析几何曲面，可以采用数控磨削加工。而数控车床主要用于加工模具的杆类标准件，以及回转体的模具型腔或型芯。在模具加工中，数控钻床的应用也可以起到提高加工精度和缩短加工周期的作用。

在模具制造过程中，每一类模具都有其最合适的加工方式。同时，由于数控加工的广泛应用可以降低对钳工经验的过分依赖，因而数控加工的广泛应用给模具制造带来了革命性的变化。当前，先进的模具制造企业都是以数控加工为主要加工手段，并以数控加工为核心进行模具制造流程的安排。

3.1.3 模具数控加工的程序编制

模具数控加工的主要内容是自由曲面，约占70%以上。数控铣削是最常用的加工方法，其中自动编程是关键技术。零件数控加工程序的编制是数控加工的基础，也是CAD/CAM系统中的重要模块之一。自数控机床问世至今，数控加工编程方法经历了手工编程、数控语言自动编程、图形交互式编程、CAD/CAM集成系统编程几个发展时期。当前，应用CAD/CAM系统进行数控编程已成为数控加工编程的主流。

1. 手工编程

数控加工的手工编程一般可分为如下几个步骤：

（1）工艺处理　编程人员首先需对零件的图样及技术要求进行详细的分析，明确加工的内容及要求，然后确定加工方案、加工工艺过程、加工路线，设计工具、夹具，选择刀具以及合理的切削用量等。

（2）数值计算　根据零件的几何形状、加工路线和数控系统的情况，计算出被加工几何元素的起点、终点、圆弧圆心等坐标点，从而计算出刀具的运动轨迹。

（3）零件加工程序的编制　根据零件的工艺分析和数值计算的结果，按照数控机床所使用的指令代码编制零件的数控加工程序。

（4）数控程序的输入　将零件的数控加工程序通过控制面板逐一手工键入数控系统，或通过磁盘读入，或用 RS-232 接口将数控程序输入到数控系统。

（5）试切和修改　零件的数控加工程序是否正确，通常采用试切法进行验证。目前，市场上提供的高档数控系统一般带有切削加工模拟功能，可以在数控系统的显示器上模拟加工情况，如发现错误，可及时修改程序。

2. 用数控语言自动编程

用数控语言自动编程的过程如图 3-2 所示。编程人员根据加工零件图样和工艺过程，运用专用的数控语言编写出一个简短的零件加工源程序，并将其输入到计算机中，经过编译系统进行编译，将之翻译成系统能够识别的目标程序；然后系统根据目标程序进行刀具运动轨迹的计算，并生成刀位文件；接着系统根据具体数控机床所要求的指令和格式进行后置处理，生成相应机床的零件数控加工程序，从而完成最终的自动编程工作；检查无误后，通过计算机与数控机床之间的通信接口，直接传输给数控机床。

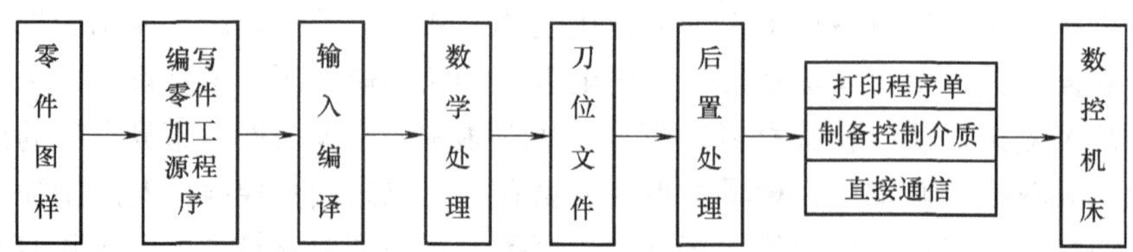

图 3-2　用数控语言自动编程的过程

3. CAD/CAM 系统自动编程

（1）CAD/CAM 系统自动编程的原理及特点　随着 CAD/CAM 技术的成熟和计算机图形处理能力的提高，可直接利用 CAD 模块生成的几何图形，采用人机对话方式在计算机屏幕上指定被加工部位，输入相应的加工参数，计算机便自动进行必要的数学处理并编制出数控加工程序，同时在计算机屏幕上动态地显示出刀具的加工轨迹。这种利用 CAD/CAM 软件系统进行数控加工编程的方法与数控语言自动编程相比，具有速度快、精度高、直观性好、使用简便、便于检查等优点，有利于实现 CAD/CAM 系统的集成，已成为当前数控加工自动编程的主要手段。

目前，市场上较为著名的工作站型 CAD/CAM 软件系统，如 UG Ⅱ、Pro/E、I-DEAS、Catia 等都有较强的数控加工编程功能。这些软件系统除了具有通常的交互式定义、编辑修改功能外，还能够处理各种不同复杂程度的三维型面的加工。

（2）CAD/CAM 系统自动编程的基本步骤　不同的 CAD/CAM 系统其功能指令、用户界面各不相同，编程的具体过程也不尽相同。但从总体上讲，编程的基本原理及基本步骤大体是一致的，归纳起来可分为图 3-3 所示的几个基本步骤。

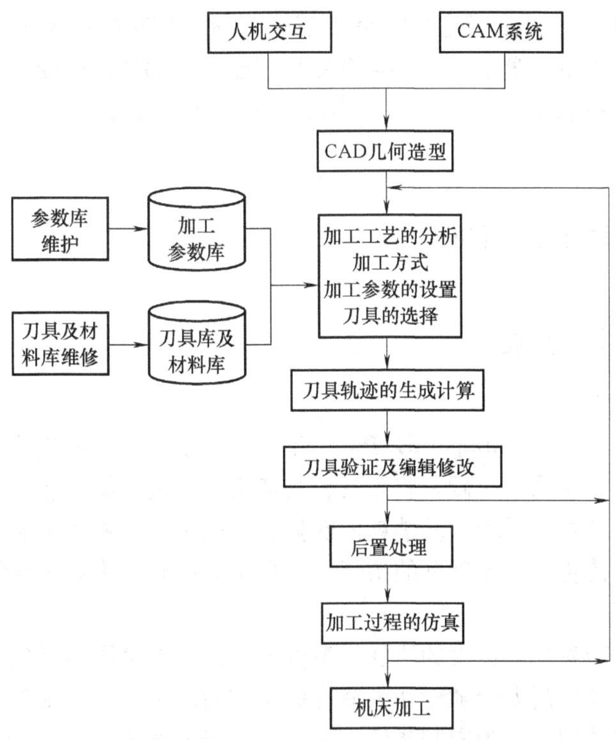

图 3-3 CAD/CAM 系统数控编程的步骤

1）建立几何造型。利用 CAD 模块的三维实体造型功能，通过人机交互式方法建立被加工零件的三维几何模型并以相应的图形数据文件进行存储，供后继的 CAM 编程处理调用。面向产品的 CAD 模型需要做适当的修改才能用于模具制造。例如，注塑产品要考虑材料收缩率，对型腔进行放大；要考虑分型、抽芯等结构，对产品进行合理分块。又如，冲压成型产品，在设计其成型模具时要补全后续工序所去除材料位置的面等。

2）分析加工工艺。在编制数控程序前还要确定一些与加工有关的几何信息，如毛坯的形状大小、工件坐标系位置、安全平面位置、装夹位置、预钻下刀点位置以及分块加工的区域边界、导动曲面等。工艺分析包括分析零件的加工部位，确定工件的装夹位置，指定工件坐标系，选定刀具类型及其几何参数，输入切削加工工艺参数等。目前，该项工作主要仍通过人机交互方式由编程员通过用户界面输入计算机。

3）生成刀具轨迹。刀具轨迹的生成是面向屏幕上的图形交互进行的，用户可根据屏幕提示用光标交互选择加工表面、切入方式和走刀方式等，然后由软件系统自动生成刀具切削路线，并将其转换为刀具位置数据后存入指定的刀位文件。

4）验证刀位及编辑刀具轨迹。对所生成的刀位文件进行加工过程的仿真，检查、验证刀具轨迹是否正确合理，有无碰撞或干涉现象，可对生成的刀具轨迹进行编辑修改、优化处理，以得到正确的刀具轨迹。若不满意，还可修改工艺方案，重新进行刀具轨迹的计算。

5）后置处理。后置处理的目的是形成数控加工文件。由于各种机床使用的数控系统不同，所用的数控加工程序的指令代码及格式也不尽相同，为此必须通过后置处理将刀位文件转换成数控机床所需的数控加工程序。

6）输出数控程序。生成的数控加工程序后，可使用打印机打印出数控加工程序单，也可将数控程序写在磁带或磁盘上，提供给有磁带或磁盘驱动器的机床控制系统使用。对于有标准通用接口的机床控制系统，可以直接由计算机将加工程序送给机床控制系统进行数控加工。

3.2 模具的高速加工技术

3.2.1 高速加工技术概述

1. 高速加工的含义

高速加工（High Speed Cutting，即 HSC）是以高切削速度、高进给速度及高加工质量为主要特征的加工技术。它采用超硬材料刀具，其切削参数比传统工艺的切削参数高几倍甚至十几倍，在切除被加工材料过程中所消耗的热量、切削力、工件表面温度、刀具磨损、加工表面质量等明显优于传统切削速度下的指标，而加工效率则大大高于传统切削速度下的加工效率。

研究成果表明：随着切削速度的增加，温度及刀具磨损会剧烈增加；当切削速度达到某临界值时，切削温度及切削力会随着切削速度的增加而减小，后又随着切削速度的增加而急剧增加。以刀具磨损的切削力为限制条件，前一个低于该值的区域是传统加工，后一个低于该值的区域为高速加工。由此也可看出，不同材料有不同的加工临界值，有其高速加工的特定范围。刀具材料与质量是高速加工主要的限制条件，故高速加工不仅决定于主轴速度与刀具直径，还与所切削的材料、刀具寿命及加工工艺等综合因素有关。

应当指出的是，高速切削中的“高速”不是一个技术指标，而应是一个经济指标。也就是说，它不仅仅是一个技术上可以实现的切削速度，而且必须是一个由此可获得较大经济效益的高切削速度。没有经济效益的高速度是没有工程意义的。高速切削和普通切削的速度对照见表 3-1。

表 3-1 高速切削和普通切削的速度对照（Kennametal 公司提供）

切削方式	端铣和钻削		平面和曲面铣	
加工材料	普通切削速度/(ft/min)	高速切削速度/(ft/min)	普通切削速度/(ft/min)	高速切削速度/(ft/min)
铝	1000（WC + PCD）	10000（WC + PCD）	2000 PCD	12000（WC + PCD）
灰铸铁 球墨铸铁	500 350	1200 800	1200 800	4000 3000
碳钢 合金钢 不锈钢 淬硬钢 (62HRC)	350 250 350 80	1200 800 500 400	1200 700 500 100（WC） 300（CBN）	2000 1200 900 150（WC） 600（CBN）
钛合金	125	200	150	300

注：1. WC 为硬质合金刀具；PCD 为金刚石镀层硬质合金刀具；CBN 为立方氮化硼刀具。

2. 1ft = 0.3048m。

2. 高速加工的机理

首先，在高速切削过程中，由于切削速度足够快，使应变、硬化来不及发生，变形只发生在小范围内，会使切削力小于普通切削的切削力；其次，切屑变形在很大程度上与热量有关，随着切削速度的增加，切削温度上升，被切削材料软化，切屑流受到的阻力减小，从而使切屑变薄，切削力减小。高速切削的机理如图 3-4 所示。

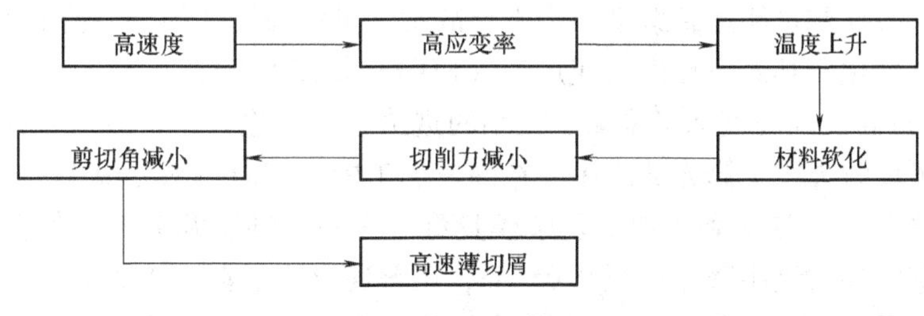

图 3-4　高速切削的机理

在进行高速切削时，切屑变形所消耗的能量大多数转变为热能，切削速度越高，产生的热量越多。基本切削区的高温有助于加速塑性变形和切屑的形成，而基本剪切区的高温，会使刀具前刀面和切屑之间的接触面产生一层极薄的液体，从而增加了塑性流动的速度。切削热分布的估算如下：大约 80% 的热量是切屑的变形产生的；18% 的热量产生在切屑和刀具的接触面上（第二剪切区）；2% 的热量产生在切削刃上。产生的热量有三种耗散渠道：大约 95% 以上的热量由切屑带走；2% 的热量留在工件上；3% 的热量由刀具散热。由此可见，在高速切削时，主要的切削热将由切屑导出，而工件和刀具的温升都非常小，因此高速切削也被称为“冷态切削”。

3. 高速加工的分类、特点及优势

（1）高速加工的分类　高速加工按其目的而言可分为两类，即以实现单位时间内去除材料量最大为目的的高速加工，和以实现高质量加工表面与细节结构为目的的高速加工。相对而言，后者因极大地减少了钳工抛光、修复的时间，减少甚至消除了部分工序，因而大大缩短了模具的生产周期。高速加工按其实现形式而言可分为高速铣削、车削、钻孔、镗削、高速磨削等，但其中高速铣削是目前高速加工技术中应用最多的一种工艺技术。

（2）高速加工的特点　与普通加工相比，高速加工具有如下特点：

1）加工效率高。

2）切削力小。高速加工的切削力比常规切削降低 30%，背向力降低更明显，这有利于减小工件的受力变形，适合加工薄壁件和细长件。

3）切削热少。高速加工迅速，95% 以上的切削热被切屑带走，刀具积聚热量极少，温升低，适合于加工熔点低、易氧化和易产生热变形的零件。

4）加工精度高。高速加工时，刀具的激振频率与工艺系统的固有频率相差很大，不易产生振动；又由于切削力小、热变形小、残余应力小，易保证工件的加工精度和表面质量。

5）工序集约化。可获得高的加工精度和较低的表面粗糙度，并在一定条件下，可对硬表面进行加工，从而可使工序集约化，这对于模具加工具有特别重要的意义。

（3）高速加工的优势　与传统加工方式相比，高速加工的优势如下：

1）切削效率高。高速加工时，虽然背吃刀量小，但由于主轴转速高，进给速度快（进给速度提高5~10倍），因此使单位时间内的金属切除量增加（单位时间材料切除量增加3~6倍），提高了加工效率（加工时间可降至原来的1/10以下），缩短了交付周期。用高速加工中心或高速铣床加工模具，可以在工件的一次装夹中完成对型腔的粗、精加工和模具零件其他部位的机械加工，即所谓“一次过”技术（One Pass Machining）。除此以外，经过高速铣削的工件，表面质量能达到磨削的水平，故常常可省去后续的许多精加工工序，又容易实现加工过程自动化，其效率比电火花加工（EDM）提高50%。

2）加工质量高。因高速加工采取了极小的进给量与背吃刀量，故可获得很高的表面质量，有时甚至可以省去钳工修光的工序。在高速加工中，横向切削力很小，与普通切削加工相比可降低30%以上，这有利于加工复杂模具型腔中一些细肋和薄壁零件及形状复杂的薄壁类电极。薄壁零件的最小壁厚可至0.05mm，用普通方法根本无法加工。

由于切削热量的95%~98%以上被切屑带走，高速加工中工件的温度上升和热变形量很小，同样利于提高加工精度。切削速度或主轴转速高，使切削过程的激振频率很高，与工艺系统的固有频率相差很大，减小了发生共振和切削自激振动的可能性，有利于提高被加工表面的质量。此外，高速切削能避免电火花加工时产生的表面损伤，而且切削中形成的已加工表面处于压应力状态，还会提高工件表面的耐磨程度（统计资料表明模具寿命因此能提高3~5倍）。

3）加工范围大。采用高速加工技术能够硬切削（Hard Machining）淬硬钢工件（硬度可达62HRC左右）及高效地切削多种难加工材料，如钛合金、镍基合金等，可以钻直径为1mm以下的小孔。此外，由于工件基本不发热，高速切削还可以加工低熔点的镁合金材料。

高速切削的加工精度可与磨削相媲美，工件表面质量好，不会出现磨削时容易产生的烧伤、裂纹等，也没有电火花加工时不可避免的表面变质现象，并且没有磨削泥，对环境污染小。

4）经济性良好。以下几个方面可以体现高速切削加工良好的经济性：

① 零件的单件加工时间缩短。

② 工序的集约化可以在同一台机床上，在一次装夹中完成零件所有的粗加工、半精加工和精加工，此即高速加工用于模具制造的“一次过”技术。

③ 尽管高速切削加工机床及其他工艺装备价格昂贵，投资大（一台具有高速加工功能的数控机床的价格比一台普通数控机床大约高30%~100%），但是，将CAD/CAM技术一体化集成应用，会使新产品的开发、设计与制造周期大大缩短，大大降低加工成本。通过这一途径，新产品的开发制造全周期甚至可以缩短40%。另外，高速切削加工可以突破传统切削加工的禁区，如切削薄壁机身（薄壁机身可降低民航飞机的自重与耗油量）。

此外，高速切削可加工刚性差的零件；提高了刀具寿命和机床利用率；零件加工精度高，表面质量好，工件热变形小；刀具成本低，节省了换刀辅助时间及刀具刃磨费用等。这些都是采用高速切削加工所能取得较好的技术经济效益的体现。

3.2.2 高速加工技术的应用

由于高速切削能够获得很高的加工效率、加工精度和良好的表面质量，所以它广泛受到制造企业的重视。高速切削的先进性表现为在其适用领域内，可以满足激烈的市场竞争所导致的对效率和成本越来越高的要求，可以满足越来越高的加工质量要求和越来越复杂的三维曲面形状精密加工的要求，提供了解决硬材料、薄壁件加工问题的新方案。高速切削的应用越来越广泛，已遍及航空航天、汽车、模具和精密机械等行业。

高速切削缘于航空铝合金零件的加工。在该领域，高速加工主要用于铣削高强度铝合金整体构件、薄壁类零件，切除其90%的材料，一般的不需要制造电极，省去了耗时的磨削和抛光工序，从而出现了通过高速硬铣实现模具全部加工的发展趋势，促使模具制造朝着快捷、精确和经济的方向发展。采用高速加工替代电火花生产模具，可以明显提高加工效率，提高模具精度，使模具的使用寿命更长。在工业发达国家，据统计，目前有85%左右的模具电火花成型加工工序已被高速加工所替代，高速加工在国际模具制造工艺中的主流地位已经确立。由于高速加工技术使模具、汽车、航空等行业的生产率和制造质量显著提高，加速了工艺及装备的更新换代，因此高速切削是继数控技术之后的又一场影响深远的技术革命。从技术发展的角度看，高速铣削正与超精加工、干硬切削加工相结合，开辟了以铣代磨的新天地，极大地减轻了模具的研磨、抛光工作量，提高了模具的加工速度，缩短了模具的制造周期。高速切削生产模具已经逐渐成为模具制造的大趋势。模具的高速加工技术逐渐成为我国模具工业技术改造最主要的内容之一。

1. 基于高速加工的模具制造系统

近年来，计算机技术、自动化技术、网络通信技术的高速发展，给现代制造技术准备了技术条件并奠定了物质基础。现代模具制造能够利用CAD/CAM/CAE/CAPP技术和数控加工技术，有效地对整个设计制造过程进行预测评估，迅速获得样品，有利于争取订单、赢得客户；同时可节省大量的模具试制材料的费用，减少模具返修率，缩短生产周期，大大降低了模具成本。高速切削技术的发展给模具业注入了新的生机，模具制造现代化正成为国际模具业发展的一种趋势。国内模具业也正从传统的模具制造模式向着现代模具制造模式过渡。基于高速加工的现代模具制造系统如图3-5所示。高速加工技术属于该系统中的精密加工和超精密加工技术。

该系统涉及以下几大组成部分：

（1）现代设计技术　包括计算机辅助设计（CAD）、计算机辅助工程（CAE）、逆向工程技术（RE）、并行工程（CE）等。

（2）先进制造工艺技术　包括计算机辅助制造（CAM）、精密加工和超精密加工技术、特种加工制造技术、快速成型制造（RPM）技术等。

（3）综合自动化技术　包括分布式数控技术（DNC）、柔性制造技术（FMT）、集成制造技术（CIMT）、智能制造技术（IMT）等。

（4）现代系统管理技术　包括制造资源计划（MRPⅡ）、准时制造（JIT）、精益生产（LP）、敏捷制造（AM）、全球化制造（GM）和信息管理系统（IMS）、可持续发展战略及相关技术等。

2. 高速加工在模具制造中的应用

正是由于高速切削加工具有高效率、高精度、可直接硬切削淬硬钢、具有良好的经济效益等优点，所以特别适合模具加工，在工业发达国家已经得到十分广泛的应用，被誉为“第三代模具制造技术”。表3-2列出了高速切削加工与普通电火花加工、传统模具加工工艺的比较。

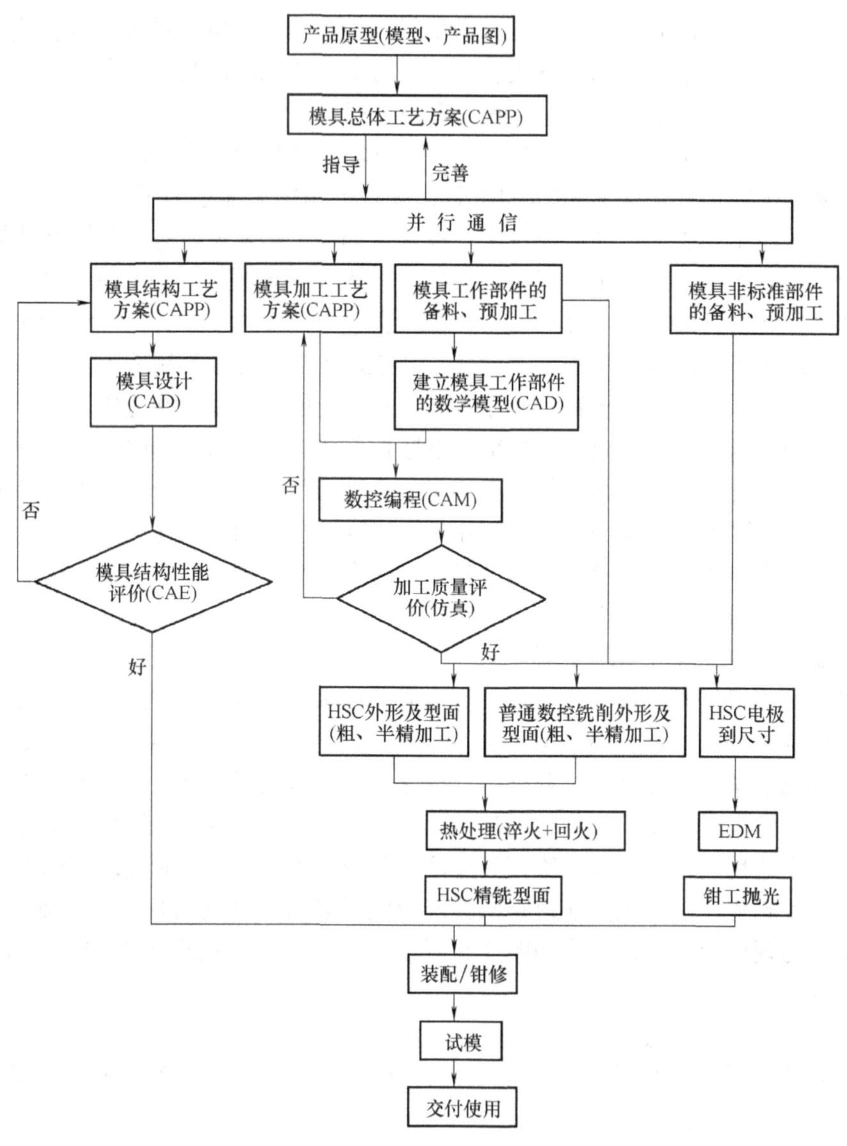

图 3-5 基于高速加工的现代模具制造系统

表 3-2 高速切削加工与普通电火花加工、传统模具加工工艺的比较

分　类	高速切削加工（HSC）	普通电火花加工（EDM）	传统的机械加工
适应材料	可切削硬度达 62HRC 的材料	所有导电材料	淬硬钢
几何形状	受深度和半径限制	受电极形状限制	一般或比较复杂的曲面
内部尖角	底部圆角半径可为 0.3mm	底部圆角半径可为 0.1mm	底部圆角半径可为 0.5mm
表面缺陷	基本无缺陷	白硬层（重铸层）	烧伤与裂纹
表面质量	切削表面光滑，无需抛光	手工抛光	手工抛光且余量大
结构变化	受压	微裂	热影响严重

（续）

分　类	高速切削加工（HSC）	普通电火花加工（EDM）	传统的机械加工
能源利用率	高	很低（约15%～20%）	低
刀具	特殊高质量刀具	电极	普通数控刀具
适应加工形状	可加工小而浅的成型表面与电极形状	大的成型表面	结构较简单的成型表面
劳动强度	无需抛光，劳动强度低，效率高	大（手工抛光）	极大（抛光余量大）

1）在模具制造行业，高速加工主要应用在以下几个方面：

① 各类模具钢（包括淬硬钢）的直接加工，特别是半精加工和精加工。

② 铜电极、石墨电极的高速加工。

③ 产品样件的高速加工。

2）高速加工技术在模具行业的应用优势体现在以下几个方面：

① 省去电极准备和加工的时间，不存在刀具的中间硬化的问题，省去了电火花加工、人工修模和修配过程。

② 对于高速切削加工来说，只要改变CAD和CAM两个步骤就可以随时更改模具的设计和制造，而不像传统切削加工中必须同时更新电极和电火花加工参数才能更改模具的设计和制造。

③ 高速切削加工时，模具表面的组织结构没有改变，避免了人工修模产生的表面几何变形。

3. 模具制造中应用高速加工技术的注意事项

高速切削加工是一项系统技术，为了实现高效的高速加工，必须考虑到各个方面。应该根据产品的材料和结构特点，购置合适的高速切削机床，选择合适的切削刀具，采用最佳的切削工艺，以达到理想的高速加工效果。

（1）机床方面

1）机床应当采用高速、大功率的主轴。

2）机床应具有足够的刚度、强度。

3）刀柄必须与机床主轴的锥体和端面接触，防止在高速回转时松动。

4）应注意防止切屑飞溅伤人。

5）切削液应能够准确地喷射到切削点上，特别是在高速磨削时，为了防止工件加工表面被烧伤，应特别注意喷嘴的设计。

6）由于高速切削的切屑量大，故应保证切屑能够及时地排除。

（2）刀具方面

1）当前涂层技术发展迅速，针对加工的对象选择合适的涂层刀具是十分必要的。

2）为了提高加工表面的质量，应尽量采用球头铣刀。球头铣刀中心的切削速度为零，使用时，可将立铣刀倾斜一个角度以改善铣刀引起的铣削震颤。

3）若条件允许，可采用带圆角的铣刀。

4）为了改善冷却效果，可采用带油孔的刀具。

5）为了防止立铣刀在高速加工中振动，可将刀槽制成不等分的螺旋槽。

6）高速切削时使用的铣刀刀盘多采用铝合金材料，切断刀的刀把往往强度差，所以采用硬质合金。

7）为了提高排屑能力，要采用合适的断屑刀片。

8）加工深孔时可采用新型钻头，如 RT 系列的钻头，这是由于其芯厚加大，提高了刀体刚度，同时加宽了容屑槽，切屑更易排出，所以有利于深孔加工。

9）复合刀具的大量出现，不仅可以提高效率，而且减少了刀具的件数。切削刀具的复合化能够明显减少换刀的次数和时间，缩小机床刀库，提高了加工效率。

（3）辅具方面　为了适应高效的高速加工，辅助工具也是十分重要的环节。目前比较典型的是 EROWA 和 3R 组合辅具的应用，不仅加快了节奏，还保证了精度。

4. 模具高速加工的工艺要求

高速加工有着不同于传统加工的、特殊的加工工艺要求，而数控加工的数控指令包含了所有的工艺过程，故应用于高速加工的数控自动编程系统——CAM 系统必须能够满足相应的特殊要求。

1）CAM 系统应具有很高的计算编程速度。高速加工中采用非常小的进给量与背吃刀量，故对数控程序的要求比对传统编程系统中数控程序的要求要严格得多，要求计算速度要快且方便，节约编程时间等。另外，较快的编程速度使操作人员能够对多种加工工艺策略进行比较，以便采取最佳的工艺方案，并对刀具轨迹进行编辑、优化，以达到最佳的加工效果。

2）CAM 系统应具有全程自动防过切处理能力及自动刀柄干涉检查能力。高速加工以高出传统加工方式近 10 倍的切削速度加工，一旦发生过切，其后果不堪设想，故 CAM 系统必须具有全程自动防过切处理的能力。传统的曲面 CAM 系统是局部加工的概念，极容易发生过切现象，一般都是靠人工干预的办法来防止，很难保证过切防护的安全性。只有通过新一代的、智能化的、面向对象的 CAM 系统，才能实现防过切处理全部由系统自动完成，才能真正保证其安全性。高速加工的重要特征之一就是能够使用较小直径的刀具加工模具的细节结构，系统能够自动提示最短夹刀长度并自动进行刀具干涉检查，这对于高速加工非常重要。

3）CAM 系统应具备进给率优化处理功能。为了能够确保最大的切削效率，并保证在高速切削时加工的安全性，应根据加工瞬时余量的大小，由 CAM 系统自动对进给率进行优化处理。

4）符合高速加工要求的、丰富的加工策略与传统方式的加工策略相比，高速加工对加工工艺进给方式有着特殊要求，因而要求 CAM 系统能够满足这些特定的工艺要求：

① 应避免刀具轨迹中进给方向的突然变化，以避免因局部过切而造成刀具或设备的损坏。

② 应保持刀具轨迹的平稳，避免突然加速或减速。

③ 下刀或行间过渡部分最好采用斜式下刀或圆弧下刀，避免垂直下刀直接接近工件材料。

④ 行切的端点采用圆弧连接，避免直线连接。

⑤ 应尽量避免全力宽切削。

⑥ 残余量加工或清根加工是提高加工效率的重要手段，一般应采用多次加工或采用系

列刀具从大到小分次加工，直至达到所需尺寸，避免用小刀一次加工完成。

⑦ 刀具轨迹编辑优化的功能非常重要，应避免多余空刀，可通过对刀具轨迹的摄像、复制、旋转等操作来避免重复计算。

⑧ 刀具轨迹裁剪修复的功能也很重要，可通过精确裁剪减少空刀，提高效率；也可用于零件局部变化的编程，仅需编辑修改边际，无需对整个模型重新编程。

5）高速加工对编程人员的要求与编程方式有所改变。采用高速加工设备之后，对编程人员的需求量将会增加，因高速加工工艺要求严格，过切保护更加重要，故需编程人员多花时间对数控指令进行仿真检验。一般而言，高速加工编程时间比普通加工编程时间要长得多。为了保证高速加工设备足够的使用率，需配置更多的 CAM 人员。

传统 CAD/CAM 中，数控指令的编制是由远离加工现场的 CAD/CAM 工程师来完成的，因编程地点与加工地点分离，往往会因编程人员对现场条件及加工工艺不够清楚而需要对数控指令进行反复的检验与修改，影响了生产的正常进行。随着 CAM 系统智能化水平的提高，已经出现了新一代独立运行的智能化 CAM 专业系统，其主要特点是面向对象的实体加工方式，而非传统的曲面局部加工方式，只需输入并选择加工工艺，即可自动完成编程操作。编程的复杂程度与零件的复杂程度无关，只与加工工艺有关，因而非常易于掌握，只需短时间培训即可掌握使用。在欧美发达国家，为了充分发挥数控设备操作人员的优势，缩短加工时间间隔，机侧编程已经成为逐渐流行的发展趋势。

3.2.3 我国高速加工技术与国外的差距

近年来，我国在航天、航空、汽轮机、模具等机械制造行业中都不同程度地开始推广应用高速加工技术。高速加工技术的应用主要体现为高速数控机床与刀具的应用。由于种种原因，我国企业应用的高速加工技术及其相关设备大多由国外直接引进，国内对高速加工技术中一些基础共性技术的自主性研究不足，因而影响了对高速加工技术的优化、集成和推广应用。与国外发达国家的高速加工技术相比，我国在以下方面存在较大差距：

（1）零件毛坯的制造技术　零件毛坯材料的选择和成型工艺技术的优化是产品生命周期的起点，直接影响到后面的工艺过程、生产节拍和产品的质量与成本。国内企业对零件毛坯的制造技术普遍重视不够，缺乏对这方面的系统研究。虽然目前对国外先进的快速成型工艺技术作了一些跟踪研究，但尚未真正应用于企业生产流程中，如在国外受到高度重视的绿色制造技术（包括零件毛坯制造）目前在国内仅停留在研究层面。

（2）高速刀具技术　我国高速刀具技术与国外的差距主要表现在高性能刀具材料（包括表面涂层、材料）的研发、刀具制造工艺技术、刀具安全技术及刀具使用技术等领域，对于高速切削机理的基础共性研究也处于起步阶段。

（3）高速机床技术　在引进先进技术、设备的推动下，近年来我国高速机床制造技术有了长足的进步，目前的主要差距是机床关键功能部件的研发落后于市场需求，如转速在 20 000r/min 以上的大功率高刚性主轴、无刷环形转矩电动机、直线电动机、快速响应数控系统等的设计制造技术尚未掌握，多功能复合机床设计、制造网络、通信网络等先进技术的应用还处于初级阶段。

（4）生产技艺数据库　目前国内大部分制造企业（尤其是国有企业）均未建立本企业（行业）的生产技艺系统数据库，包括制造工艺流程及相关技艺、金属（非金属）切削数据库、专家机制知识库、企业内外有效资源数据库等。

（5）观念误区　目前国内对高速加工、高速切削技术普遍存在一些观念误区。其一，认为高速机床等同于高速切削，也等同于高速加工；其二，认为高速加工技术可适用于任何企业。这两种观点都失之于片面。高速加工的实现并不仅仅取决于机床主轴的回转速度和直线运动速度，而是与多种技术条件（如刀具直径、刃齿数、零件、表面状况等）相关。高速加工技术也并非适用于任何企业，其应用效益要视产品的技术附加值、加工技术要求、市场需求、企业的生产、管理模式和技术水平等各方面具体情况而定。因此在企业技术改造中，切忌生搬硬套，不加分析地盲目引进、应用高速加工技术。

3.2.4　高速加工技术的发展趋势

在机械加工领域中，产品（零件）与加工手段（机床、刀具等）之间构成一对技术矛盾，这对矛盾不断产生—解决—再产生—再解决的过程成为推动机械加工技术进步的动力。机械加工技术的发展历程就是不断满足产品制造过程中对产品性能、零件质量（精度）、刀具（工具）轨迹、生产效率、生产成本等各种技术要求的过程。在机械制造业中，产品（零件）的技术进步与机床技术、工具（刀具）技术的发展密不可分。在21世纪全球化制造的市场环境下，高速加工技术必将在各类制造企业中得到更广泛的应用。我国的高速加工技术水平也将呈现出跨越式发展的态势，现就其中一些重要技术的发展趋势简述如下：

1）零件毛坯制造技术、新型快速成型技术的实用化以及精铸、精锻等毛坯制造技术水平的进一步提高，将使零件毛坯的几何尺寸精度能更好地满足少、无切屑加工的要求。零件材料的选择将逐步适应绿色制造技术要求，材料的可加工性能将进一步适应高速加工技术的要求。

2）刀具技术方面，制造业将普遍应用高速（超高速）干式切削技术，超硬刀具材料的应用、各类复合（组合）式高速切削刀具（工具）的结构设计与制造技术将成为刀具（工具）品种发展的主导技术。采用无屑加工方式的搓、挤、滚压成形类刀具（工具）的应用会更加广泛。此外，超硬材料在各类刀具涂层材料、SiN陶瓷、Ti基陶瓷等领域将有更快的发展和更广泛的应用。

3）机床技术方面，随着数控系统、关键功能部件、网络通信技术的逐步完善与发展，多轴联动、多面切削的高速加工中心和集铣、车功能为一体的复合加工中心等先进机床技术将进一步实用化，各类数控专用高效加工机床的应用将更为普遍，激光技术将更为广泛地应用于机械成型加工、切割加工领域。机床数控系统将具有网络化通信与生产的功能，从而可进一步提高数控机床的利用率。

4）自动生产线技术方面，自动生产线将由各类高速加工中心组成，柔性制造、敏捷制造工程技术将获得快速发展。

5）测量技术方面，随着高速加工系统工程技术的广泛应用，数字化CCD、激光图形处理等先进测量技术以及随机在线高速测量技术等将广泛应用于柔性数控生产线及数控专用高效加工机床上。

6）网络技术方面，在不断进步的计算机技术的支持下，将大力发展宽带网及网络安全技术。

随着中国加入 WTO，我国制造业融入全球化生产制造体系的步伐正逐渐加快，国外先进制造技术及设备的大量引进以及国家大力实施十二五计划、创新基金、国家重大科技产业工程项目等重大科技计划，将有力地推动我国机械制造综合技术水平的提高。由于高速加工技术可为机械制造企业快速响应和满足市场需求提供强有力的技术支持，因此其必将在国内机械制造企业中得到快速推广。高速加工技术的开发与应用必须集成、优化多种学科领域的知识，实施系统技术工程。社会主义市场经济环境的不断完善以及企业家对参与全球化市场竞争认识的不断深化，不仅可促进企业转制和产业、产品结构的调整与优化，同时也为高速加工技术在企业中的推广应用展现出广阔的前景。

3.3 电火花铣削加工

3.3.1 电火花铣削加工技术概述

尽管电火花加工在加工脆硬材料方面具有得天独厚的优势，但自从电火花加工技术产生那一刻起，人们就一直致力于电火花加工速度的提高。电火花铣削加工就是近年来发展起来的进行电火花加工的一种有效手段。电火花铣削加工中，机床高速旋转的主轴带动棒状或管状电极转动，同时采用多轴联动进行加工。由于这种电火花加工方法的电极运动轨迹类似铣削加工，故称其为电火花铣削加工，也称电火花创成加工技术。

电火花铣削加工技术是一种替代传统的用成型电极加工腔体的新技术，它是由高速旋转的、简单的管状电极做三维或二维轮廓加工（像数控铣一样），因此不再需要制造复杂的成形电极，这显然是电火花成形加工领域的重大发展。在国外，使用这种技术的机床已在模具加工中得到应用。预计这一技术将得到发展。

电火花铣削加工具有电极制造简单、更换电极方便和电极损耗易补偿等优点。电火花铣削加工改善了传统电火花加工存在的加工速度、电极损耗和表面质量之间的矛盾，并大大地简化了电火花工艺过程的控制，从而进一步降低了加工成本，使电火花加工技术在激烈的市场竞争中处于有利地位。目前，国外一些有名的电火花加工设备生产厂家都在大力研究和开发电火花铣削加工技术，瑞士 Charmilles 公司认为未来模具加工采用电火花铣削将占 30%，其发展潜力是巨大的。作为一种新颖的电火花成形加工技术，电火花铣削加工一旦在关键技术上获得突破，它将有可能逐渐取代传统电火花成形加工的地位，这种技术的拥有者在激烈的市场竞争中将占据明显的优势。

电火花铣削加工与传统铣削加工有着极为类似的运动方式，但二者又有很大区别。除了加工机理不同外，电火花铣削加工是一种非接触性加工，电极与工件之间存在放电间隙，而且在加工过程中电极存在较大的损耗。电极损耗的补偿是电火花铣削加工的关键技术，它对加工精度有着直接的影响。虽然自 20 世纪 80 年代初开始，人们就对电火花铣削加工的相关技术进行了研究，但电极损耗的补偿技术一直没有得到较好的解决。长期以来，电火花铣削加工只能作为传统电火花成形加工出现困难时采用的补充手段。

3.3.2 电火花铣削加工的原理

电火花铣削加工是在一定介质中，利用两个电极之间产生脉冲火花放电时的电蚀效应来达到蚀除被加工工件材料的加工技术。电火花铣削加工设备一般由脉冲电源、放电间隙调节系统、机床床身和工作液及其循环系统组成。脉冲电源为电火花铣削加工提供放电能量；放电间隙调节系统的作用是使电极与工件间维持适当的间隙距离，防止发生短路和拉弧烧伤等异常情况发生；机床的作用是给加工过程提供支撑，并使电极与工件的相对运动保持一定的精度；工作液有助于脉冲放电，并起冷却作用及间隙消电离，其循环过滤系统保证蚀除产物的有效排出，以防止工作液中的导电微粒过多而减少绝缘强度，导致脉冲放电转变为破坏电弧放电，使加工无法正常进行。

3.3.3 影响电火花铣削加工的因素

对电火花铣削加工速度有重要影响的因素是：峰值电流、脉冲宽度、占空比、放电面积和进给速度。在这些因素中，峰值电流对加工速度的影响最大，其次是脉冲宽度。提高加工速度的途径在于增加单个脉冲能量，而单个脉冲能量主要靠加大脉冲峰值电流和增加脉冲宽度。加工电流又常用电流密度来衡量。电流密度是粗加工中选择加工规准的重要依据，它反映了加工中电极单位放电面积上承载的电流。粗加工的作用是去除大部分加工余量，一般都希望获得尽可能高的工件材料蚀除率和尽可能小的工具电极损耗率，因此可采用较大的加工电流。在选择电规准时应保证加工电流等于或稍低于最大允许电流。在加工材料一定的情况下，最大允许电流由电极的有效放电面积决定，加工速度随放电面积的增大而增大。因此，为保证较大的加工速度，应适当增大放电面积。这是因为，当放电面积很小时，加工间隙内会发生频繁的短路和电弧放电现象，工具的回退次数会增多，工件蚀除速度很低。分析认为，放电面积过小，在单位面积上脉冲放电过于集中，致使电蚀产物排除不畅，影响了加工稳定性；同时工作液分解产生的气体在加工区域来不及排出，造成在气体中放电的现象。这两方面的原因造成了加工速度的降低。

3.3.4 电火花铣削加工系统的设计

1. 电火花铣削加工系统的结构组成

传统的电火花成形加工需要制备成形电极，准备时间长，费用大，加工过程缺乏柔性。对于精度要求不高的难加工材料，可以采用电火花铣削加工。为了进行初步实验，本书介绍采用普通的钻床改制成高效电火花铣削加工系统的原理样机，可以节约设备费用，同样也能得到较为理想的加工效果。它由机床本体、工作液循环过滤系统、脉冲电源及其他电气系统组成。该系统分为机械和电气两大部分，机械部分主要由机床本体和工作液循环过滤系统两大部分组成，电气部分以计算机作为核心控制系统。

2. 电火花铣削加工过程的 CAD/CAM 技术

在传统的电火花加工中，由于是依靠复杂的成形电极形状来“复制”出工件的形状，电极的移动路径十分简单，主要是沿轴向的单向运动，最多再加上小范围的平动，因此 CAD/CAM 技术似乎没有用武之地。而对于电火花铣削加工来说，工件的形状是依靠简单电极（棒状或管状）沿既定的轨迹运动包络出来的，这一过程和数控铣削的性质相同，利用 CAD/CAM 技术编制优良的电极运动轨迹程序是必不可少的。与数控铣削程序的 G 指令格式不一样，电火花铣削加工的指令必须反映电脉冲的参数，通常称为 C 指令。C 指令程序的好坏直接影响到加工效率、加工稳定性和加工精度。然而，真正成熟的加工程序决不可忽略工艺问题，如前所述，电火花铣削加工的电极补偿技术尚不成熟，因此到目前为止，对 C 指令的编制和优化仍处于研究阶段。

3.4 模具的精密加工技术

3.4.1 精密、超精密加工

同其他先进加工技术一样，精密加工和超精密加工也是需求和技术双驱动的结果。随着现代工业的不断发展，精密加工和超精密加工在机械、电子、轻工及国防等领域占有愈来愈重要的地位，模具精密加工技术也随其凸显出来。精密加工方法在今天显得越来越重要，精密加工技术已成为目前高科技技术领域的基础，提高超精密加工的精度已成为目前迫在眉睫的问题。模具精密、超精密加工技术已成为体现模具技术水平的主体。

按照我国目前的加工水平，一般加工、精密加工和超精密加工可划分如下：

1. 一般加工

一般指加工精度在 10μm 左右，相当于在 IT5 ~ IT7 级公差等级，表面粗糙度值在 *Ra*0. 2 ~ *Ra*0. 8μm 的加工方法，如车、铣、刨、磨、铰等。一般加工适用于汽车、拖拉机制造等工业。

2. 精密加工

一般指加工精度在 0. 1 ~ 10μm，相当于 IT5 级公差等级和 IT5 级以上公差等级，表面粗糙度值在 *Ra*0. 1μm 以下的加工方法，如金刚车、金刚镗、研磨、珩磨、超精研、砂带磨、镜面磨削和冷压加工等。精密加工用于精密机床、精密测量仪器等制造业中的关键零件加工，如精密丝杠、精密齿轮、精密蜗轮、精密导轨、精密滚动轴承和气动轴承等，在当前的制造工业中占有极重要的地位。

3. 超精密加工

超精密加工是指被加工零件的尺寸公差为 0. 1 ~ 0. 01μm，表面粗糙度值为 *Ra*0. 001μm 的加工方法，加工中所使用设备的分辨率和重复精度应为 0. 01μm。目前，超精密加工的精度正从微米工艺向纳米工艺提高。微米工艺是指精度为 10^{-2} ~ 1μm 的微米、亚微米级工艺，而纳米（nm）工艺是指精度为 10^{-3} ~ 10^{-2}μm 的纳米级工艺（1μm = 10^3nm）。

进入 21 世纪后，国际上加工精度的水平又有提高。一般加工的精度已达 1μm，精密加工的精度已达 0. 01μm，超精密加工的精度已达 0. 001μm，最精密的加工精度已达 0. 0001μm。

另外，现在经常提及的微细加工和超微细加工是指进行微小尺寸的加工，与一般尺寸加工有区别。一般尺寸加工时，精度是用误差尺寸与所要求的加工尺寸之比来表示的；而在微细加工时，必须用尺寸的绝对值来表示。这是由于在材料物质内部微细区域的不均匀性和不连续性所引起的。这里有必要引入加工单位尺寸或称加工单位的概念，它是指切屑大小，即要去除的一块材料的大小。对微细加工来说，加工单位的现实限度是分子、原子。人们将微细尺寸（1μm）的精密加工称为微米工艺，将超微细尺寸（1nm）的超精密加工称为纳米工艺。另外，微细寸的加工称为微细加工，超微细尺寸的加工称为超微细加工。

3.4.2 精密、超精密加工的工艺特点

精密加工、超精密加工和一般加工比较有其独特之处。

1）精密加工和超精密加工都是以精密元件为加工对象，且与精密元件密切结合而发展起来的。平板、直角尺、齿轮、丝杠、蜗杆副、分度板和球等都是典型的精密元件。随着现代工业的发展，大规模集成电路芯片、金刚石模具、合成蓝宝石轴承垫、非球面透镜及精密伺服阀零件等正成为新的典型精密元件。

2）精密加工和超精密加工不仅要保证很高的精度和表面质量，同时要求有很高的稳定性或保持性，不受外界条件变化的干扰。

3）精密测量是精密加工的必要条件，没有相应的精密测量手段，就不能科学地衡量精密加工所达到的精度和表面质量。在精密加工和超精密加工中，有时精密测量是关键。例如在高精度的空气静压轴承中，要测量它在高速转动下的径向圆跳动和轴向窜动是十分困难的，这限制了空气静压轴承精度的进一步提高，可见精密测量和精密加工是密切相关的。

4）现代精密加工常常与微细加工结合在一起，要求有与精度相适应的微量切削，因此出现了一系列精密加工和微细加工的方法，如金刚石精密车削、精密抛光、弹性发射加工、机械化学加工以及电子束、离子束等加工方法。同时，在加工设备上出现了微进给机构和微位移工作台，采用电致伸缩、磁致伸缩等高灵敏度、高分辨率的传感器，广泛应用激光干涉仪等来测量位移，使加工设备在技术上焕然一新。

5）现代精密加工和超精密加工常常和自动控制联系在一起，广泛采用微型计算机控制系统、自适应控制系统，以避免手工操作引起的随机误差，提高加工质量。

6）现代精密加工和超精密加工常常采用复合加工技术，以达到更理想的效果，如超声振动研磨、电解磨削等是两种作用的复合，超声电解磨削、超声电火花磨削是三种作用的复合，甚至有超声电火花电解磨削等四种作用的复合加工，将传统加工的机理（如切削等）和特种加工的机理（如超声、激光、电子束和离子束等）结合起来。

3.4.3 精密、超精密加工的方法

精密、超精密加工目前主要有精密切削加工、精密磨削加工、精密珩磨、超精研、精密研磨、超精密磨料加工、电解磨削加工和纳米加工（原子、分子加工单位的加工方法）等。

表3-3列出了精密加工和超精密加工中在各级加工精度要求下的主要加工方法及有关技术。

表3-3 精密加工和超精密加工在各级加工精度要求下的加工方法及有关技术

精度	加工方法	加工工具和材料	加工设备结构	测量装置	工作环境
10μm	精密切削及磨削 电火花加工 电解加工	高速钢刀具 硬质合金刀具 氧化铝砂轮 碳化硅砂轮	精密滑动导轨或滚动导轨 精密丝杠 交流伺服电动机 步进电动机 电液脉冲马达	气动量仪 千分表 光学量角仪 光学显微镜 感应同步器	一般的清洁空间

（续）

精　度	加工方法	加工工具和材料	加工设备结构	测量装置	工作环境
1μm	微细切削及磨削 精密电火花加工 电解抛光 激光加工 光刻加工 电子束加工	金刚石刀具 氧化铝砂轮 碳化硅砂轮 高熔点金属氧化物（氧化铈、碳化硼等） 光敏抗蚀剂	液体动压轴承 精密滑动导轨或空气静压导轨 空气静压轴承 加预载的滚动导轨 直流伺服电动机	千分表 光栅 差分变压器 精密气动测微仪 微硬度计 紫外线显微镜	恒温室防振基础
0.1μm	超精密切削及磨削、精密研磨 光刻加工 化学蒸气沉积 真空沉积	金刚石刀具磨料、细粒度砂轮和砂带 光敏抗蚀剂	精密空气静压轴承及导轨 红宝石滚动轴承及导轨 精密直流伺服电动机 微机适应控制	精密光栅 精密差分变压器 激光干涉仪 电磁比长仪 荧光分析仪	恒温室防振基础 超净工作间或超净工作台
0.01μm	机械化学研磨 活性研磨 物理蒸气沉积 电子刻蚀 同步加速器轨道辐射刻蚀	活性磨料或研磨液 光敏抗蚀剂	微位移工件台 高精密直流伺服电动机 电磁伺服执行机构	超精密差分变压器 电磁传感器 光学传感器 电子衍射仪 X射线微分分析仪	高级恒温室防振基础 超净工作间
0.001μm （=1nm）	离子溅射去除加工 离子溅射镀膜 离子溅射注入	离子束	静电及电磁偏转 电致伸缩 磁致伸缩	电子显微镜 多反射激光干涉仪	高级恒温室防振基础 超净工作间

3.4.4　模具精密加工技术的应用

1. 精密切削

精密切削也称金刚石刀具切削（SPDT），用高精密的机床和单晶金刚石刀具进行切削加工，主要用于铜、铝等不宜磨削加工的软金属的精密加工，如计算机用的磁鼓、磁盘及大功率激光用的金属反光镜等，比一般切削加工精度要高1～2个等级。例如，用精密车削加工的液压马达转子柱塞孔圆柱度为0.5～1μm，尺寸精度为1～2μm；红外反光镜的表面粗糙度值为*Ra*0.01～*Ra*0.02μm，还具有较好的光学性质。从成本上看，用精密切削加工的光学反射镜，与过去用镀铬经磨削加工的产品相比，成本大约是后者的一半或几分之一。

但许多因素对精密切削的效果有影响，所以要达到预期的效果很不容易。同时，金刚石刀具切削较硬的材料时磨损较快，如切削钢铁材料时的磨损速度比切削铜时快104倍，而且加工出的工件的表面粗糙度和几何形状精度均不理想。

金刚石刀具切削早期主要用来加工非铁金属，如氧铀或铝合金等，其主要产品是各种光学系统中的反射镜，如射电望远镜的主镜面，激光探测系统中的各镜面以及激光切割机床中的反射镜等。

在日常消费品中，常用金刚石刀具切削加工有机玻璃和各种塑料，其应用实例有大型投影电视屏幕、照相机的塑料镜片以及隐形眼镜树脂镜片。

在大批量生产的产品中，光学元件多采用挤压成型或压注成型，成型所用的型腔多采用金刚石刀具来加工。型腔材料有超高强度镍钢、工具钢和陶瓷等，超高强度镍钢是模压成型时应用最广的材料，因为它既满足模具的硬度要求，又可用金刚石刀具切削出最佳的形状精度和表面质量。用金刚石刀具加工工具钢时，刀具易产生化学磨损，缘于工具钢中碳元素与金刚石产生化学反应之故，所以此时要在刀架上附加一个超声振动装置，或者改用立方氮化硼刀具进行加工。

2. 超精密磨削

在工具和模具制造中，超精密磨削是保证产品的精度和质量的最后一道工序，其技术关键除磨床本身外，磨削工艺也起决定性的作用。在超精密磨削脆性材料时，由于材料本身的物理特性，切屑形成多为脆性断裂，磨削后的表面比较粗糙，对于某些产品如光学元件，这样的粗糙表面必须进行抛光。抛光虽能改善工件的表面粗糙度，但由于很难控制工件形状精度，抛光后经常会降低精度。

用精确修整过的砂轮在精密磨床上进行的微量磨削加工，金属的去除量可在亚微米级甚至更小，可以达到很高的尺寸精度（0.1～0.3μm）、形位精度和很低的表面粗糙度值（Ra0.05～Ra0.2μm），且效率高。超精密磨削应用范围广泛，从软金属到淬火钢、不锈钢、高速钢等难切削材料，及半导体、玻璃、陶瓷等硬脆非金属材料，几乎所有的材料都可利用超精密磨削加工。

超精密磨削加工后，被加工的表面在磨削力及磨削热的作用下其金相组织要发生变化，易产生加工硬化、淬火硬化、热应力层、残余应力层和磨削裂纹等缺陷。

3. 珩磨

用磨石、砂条组成的珩磨头，在一定压力下沿工件表面往复运动，加工后的表面粗糙度值可达 Ra0.1～Ra0.4μm，最好可到 Ra0.025μm，主要用来加工铸铁及钢，不宜用来加工硬度小、韧性好的非铁金属。

4. 精密研磨

通过介于工件和工具间的磨料及加工液，工件及研具做相互机械摩擦，使工件达到所要求的尺寸与精度的加工方法。精密研磨对于金属和非金属工件都可以达到其他加工方法所不能达到的精度和表面粗糙度，被研磨表面的粗糙度值不超过 Ra0.025μm，加工变质层很小，表面质量高。精密研磨的设备简单，主要用于平面、圆柱面、齿轮齿面及有密封要求的配合件的加工，也可用于量规、量块、喷油嘴、阀体与阀芯的光整加工。

但精密研磨的效率较低，如干研速度一般为 10～30m/min，湿研速度为 20～120m/min，且对加工环境要求严格，如有大磨料或异物混入时，将使表面产生很难去除的划伤。

5. 抛光

抛光是利用机械、化学、电化学的方法对工件表面进行的一种微细加工，主要用来降低工件表面粗糙度值，常用的方法有：手工或机械抛光、超声波抛光、化学抛光、电化学抛光及电化学机械复合光整加工等。

手工或机械抛光是用涂有磨膏的抛光器，在一定的压力下，与工件表面做相对运动，以实现对工件表面的光整加工。加工后工件表面粗糙度值不超过 Ra0.05μm，可用于平面、柱面、曲面及模具型腔的抛光加工。手工抛光的加工效果与操作者的熟练程度有关。

超声波抛光的原理是：换能器将输入的超音频电信号转换成机械振动，经变幅杆放大后，传输至装在变幅杆上的工具头，带动附着在工具头上的金刚石或磨料的悬浮液等高速摩擦工件，致使工件表面粗糙度值迅速降低，直至镜面，从而实现抛光的功能。抛光加工精度为0.01～0.02μm，表面粗糙度值可达 *Ra*0.1μm。超声波抛光设备简单，操作、维修方便，工具可用较软的材料制作，而且不需作复杂的运动，主要用来加工硬脆材料，如不导电的非金属材料。当加工导电的硬质金属材料时，生产率较低。

化学抛光是通过硝酸和磷酸等氧化剂，在一定的条件下，使被加工的金属表面氧化，使表面平整化和光泽化。化学抛光设备简单，可以加工各种形状的工件，效率较高，加工的表面粗糙度值一般不超过 *Ra*0.2μm，但腐蚀液对人体和设备有损伤，污染环境，需妥善处理。化学抛光主要用来对不锈钢、铜、铝及其合金的光亮修饰加工。

电化学抛光是利用电化学反应去除切削加工所残留的微观不平度，以提高零件表面光亮度的方法。它比机械抛光具有较高的生产率和低的表面粗糙度值，一般可达 *Ra*0.2μm；若原始表面为 *Ra*0.2～*Ra*0.4μm，则抛光后可提高到 *Ra*0.08～*Ra*0.1μm。用电化学抛光方法加工后的工件具有较好的物理力学性能，使用寿命长；但电化学抛光只能加工导电的材料。随着电化学加工技术的发展，还产生了多种新型的复合加工方法，如超精密电解磨削、电化学机械复合光整加工、电化学超精加工等。它们主要以降低工件的表面粗糙度值为目的，加工去除量很小，一般在0.01～0.1mm，对于表面粗糙度值要达到 *Ra*0.8～*Ra*1.6μm 的外圆、平面、内孔及自由曲面均可一道工序加工到镜面。电化学机械复合光整加工属于一种加工单位极小的精密加工方法，从原理上讲加工精度可以达到原子级，所以加工精度具有大的潜力；但由于决定其加工精度的因素目前还不是很清楚，所以在实际应用中，其加工表现出一定的不稳定性，这在很大程度上限制了它在工业生产中的应用。

6. 超精密特种加工

超精密特种加工主要包括激光束加工、电子束加工、离子束加工、微细电火花加工、精细电解加工及电解研磨、超声电解加工、超声电解研磨、超声电火花等复合加工。激光、电子束加工可实现打孔、精密切割、成形切割、刻蚀、光刻曝光、加工激光防伪标志；离子束加工可实现原子、分子级的切削加工；利用微细放电加工可以实现极微细的金属材料的去除，可加工微细轴、孔、窄缝平面及曲面；精细电解加工可实现纳米级精度，且表面不会产生加工应力，常用于镜面抛光、镜面减薄以及一些需要无应力加工的场合。

3.5 精密测量

精密测量同加工一样重要，超精密加工对测量期望更高。通常来讲，测量精度应高于加工精度一个数量级。对于高精度的零件尺寸、几何形状及位置尺寸等，可采用分辨率为0.001～0.01μm 的电感测微仪和激光干涉仪等来检测；主轴回转精度可用电容来测量；导轨直线度可用自准直仪、激光干涉仪来测量：表面形貌及表面粗糙度可用表面轮廓仪、隧道显微镜来测量；表面层的应力、变质层、微裂纹等缺陷可用X光衍射法、激光干涉法等来测量。

误差预防、误差补偿、误差预报是超精密加工中提高加工精度的重要举措。误差预防是通过提高工艺系统精度、保证工作环境的条件等来减少误差源；误差补偿是通过修正措施来抵消或消除误差；而误差预报是根据误差出现的发展趋势，测出预测值，采取相应的补救措施，真正做到无滞后的实时补偿，具有主动性。

超精密加工控制采用数控系统，控制精度要求很高，但其控制模型难以精确建立，一般应用误差补偿闭环控制、插补等技术以提高控制精度。运动精度和定位精度的提高依赖于检测、控制分辨率的提高。但是，能够用10nm数量级的精度等级来评价机床运动精度的计量技术还没有通用化，传感器的检测精度（分辨率和重复性等）的提高是提高检测精度的关键问题。

近年来，精密测量技术发展迅速，成果喜人。例如在线测量技术，已可进行加工状态的实时显示，根据对加工状态的监控可及时检测是否出现异常状况，从而可大幅度提高生产率。另外，对于机床控制装置，则要求高精度化、低成本和小型化。其中，最重要的是高精度化，因为诸如汽车发动机等均要求其组成零部件必须具有非常高的精度，以便减少噪声、防止环境污染和节省能耗，这些都是时代对制造业提出的紧迫要求。

在高精度加工和质量管理过程中，通常均需使用三坐标测量机、圆度形状测量机、表面粗糙度测量机、各种长度及角度测量装置等设备。此外，光学测量机是以光学系统等硬件为主要功能部件的测量仪器，随着光机电一体化、系统化的进展，光学测量技术有了迅速的发展，相应的测量机产品大量涌现，测量软件的开发也日益受到重视。

近年来，利用光学原理开发的非接触测量机及各种装置非常多。例如MARPOSS公司的非接触式工具测量系统Mida Laser就是利用激光测头的新型测量机。该机可在CNC机床保持运转的情况下，自动对所用工具进行非接触测量，并可根据测量所得数值，对工具进行自动定位。索尼精密工程公司的非接触形状测量机YP20/21也是利用半导体激光高速、高精度自动聚焦传感器的形状测量机，所用刻度尺均系标准元件，传感器和载物台均由微型计算机控制，具有优异的操作性能和数据处理功能。YKT公司销售的非接触三坐标测量系统Zip250是一种高刚性、高速、高精度的新型测量机。该机载物台的承载重量为25kg，刻度尺的分辨率（X、Y、Z轴）均为0.00025mm。机上配装了带数码法兰盘的CCD摄像机和最新DSP转换器，因此，可进行高速图像处理测量；同时，它也可以与接触式测头并用进行相关测量。

1. 光栅式刻度尺

光栅式刻度尺是通过移动两块刻度尺的位置，使之产生黑白条纹，再用光电二极管检测明暗条纹数而进行测量的。它将所得的一个明暗周期的1/4信号，通过组合，还能进行分级。

为了提高光栅的分辨率，最好是缩小刻度尺条纹的间距。但间距过小，则会引起光衍射现象，因而分辨率是有限的（约为0.1mm）。为此，开发了衍射光栅。利用光的多次衍射现象，可以覆盖几十毫米的范围，使分辨率提高到0.01μm。但是，当使整个测量范围的累计误差达到与分辨率相等时，再提高就困难了。另外，由于计数器的性能关系，高速移动刻度尺，会造成计数器不准的难题。

2. 激光干涉仪

激光干涉仪是利用激光作光源的干涉测量仪器，其特点如下：分辨率高，测量范围大，是以光波长为基准的绝对测长；使用不同波长的两束激光的光外差方法，可以高灵敏度地检测位移，可得到纳米级的分辨率；但是激光干涉仪在操作上有一定的难度，对环境有严格要求，需补偿光的折射率，操作者需要有对光学元件的调整经验。

3. 三坐标测量仪

随着模具型面的复杂化及模具精度的不断提高，在模具制造的测量工具中，三坐标测量仪已成为一种必不可少的测量设备。

图3-6所示为三坐标测量仪（CMM），它是一种以精密机械为基础，综合应用电子技术、计算机技术、光栅与激光干涉等先进技术的检测仪器。测量时，将被测物体置于三坐标测量空间，可获得被测物体上各测点的坐标位置，根据这些点的空间坐标值，经计算求出被测物体的几何尺寸，形状和位置。由于计算机的引入，三坐标测量仪可方便地进行数字运算与程序控制，并具有很高的智能化程度。因此它不仅可方便地进行空间三维尺寸的测量，还可实现主动测量和自动检测，在模具制造工业中充分显示了其在测量方面的万能性、测量对象的多样性。

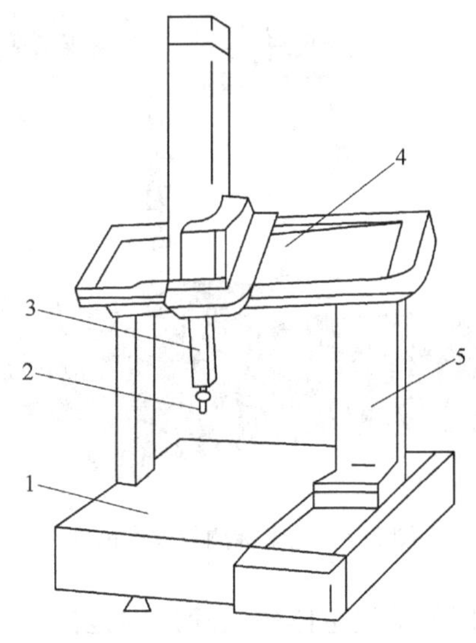

图3-6 三坐标测量仪

1—工作台 2—测头 3—Z轴滑架 4—副滑架 5—主滑架

三坐标测量仪的工作方式可分为：点位测量方式和连续扫描测量方式。点位测量方式是由测量仪采集零件表面上一系列有意义的空间点，通过数学处理，求出这些点所组成的特定几何元素的形状和位置；连续扫描测量方式是对曲线、曲面轮廓进行连续测量，多为大、中型测量仪。

三坐标测量仪按测量范围可分为大型、中型和小型。按其精度可分为两类：一类是精密型，一般放在有恒温条件的计量室内，用于精密测量，分辨率一般为0.5~2μm；另一类为生产型，一般放在生产车间，用于生产过程检测，并可用于末道精加工工序的工件检测，分辨率为5μm或10μm。

（1）三坐标测量仪的基本工作原理　三坐标测量仪通过探测传感器（测头）与测量空间轴线运动的配合，对被测几何元素进行离散的空间点位置的获取，然后通过一定的数学计算，完成对所测得点（点群）的分析拟合，最终还原出被测的几何元素，并在此基础上计算其与理论值（名义值）之间的偏差，从而完成对被测零件的检验工作。

在模具与成型产品中，被测零件除了有常规的几何尺寸测量和形位尺寸测量外，还存在着大量的曲面与曲线的测量。从数字测量技术来看，对曲面与曲线的测量就是对被测对象进行离散化，通过对点云的测量与分析计算来完成相关的测量工作。

（2）三坐标测量仪的构成　三坐标测量仪的规格品种很多，但其基本组成主要包括测量仪主体、测量系统、控制系统和数据处理系统。图3-7为三坐标测量仪产品图。

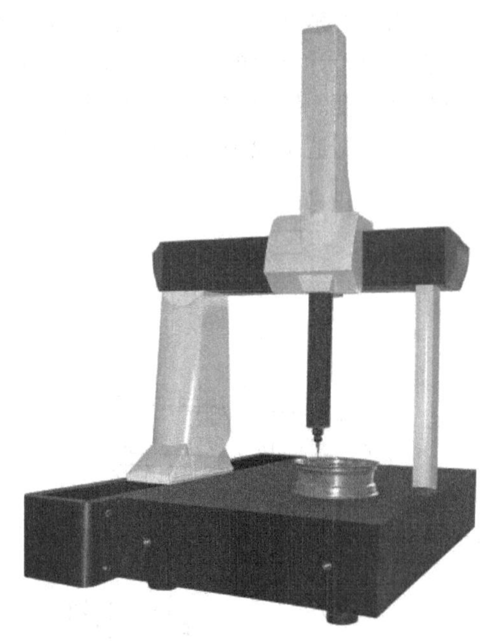

图3-7　三坐标测量仪产品图

1）由图3-6可知，三坐标测量仪主体的运动部件包括：沿 X 轴移动的主滑架5，沿 Y 轴移动的副滑架4，沿 Z 轴移动的滑架3，以及底座、测量工作台。

2）三坐标测量仪的测量系统包括测头和标准器。测头按测量方法分接触式和非接触式两类，在接触式测量头中又分为机械式测头和电气式测头。此外，生产型测量仪还可配有专用测头式切削工具，如专用铣削头和气动钻头等。标准器一般为金属光栅。

3）控制系统和数据处理系统包括计算机和软件系统。计算机是三坐标测量仪的控制中心，用于控制全部测量操作、数据处理；测量仪提供的应用软件包括：通用程序、公差比较程序、轮廓测量程序，还有自学习零件检测程序的生成程序、统计计算程序、计算机辅助编辑程序等。

（3）三坐标测量仪的应用

1）可用于多种几何量的测量。三坐标测量仪的应用举例见表3-4。

2）可进行实物程序编制（逆向工程），主要用于对模具未知曲面扫描测量，可将测得的数据存入计算机，根据模具制造的需要，实现对扫描模型进行阴、阳模转换，生成需要的CNC数据。此外，可借助绘图设备和绘图软件得到复杂零件的设计图样，即生成各种CAD数据。

3）进行轻型加工。生产型三坐标测量仪除用于零件的测量外，还可用于如划线、打冲眼、钻孔、微量铣削及末道工序精加工等轻型加工，在模具制造中可用于模具的安装、装配。

表 3-4　三坐标测量仪的应用举例

序号	测 量 分 类	测 量 项 目	测量形状及位置	被测件名称
1	直线坐标测量	孔中心距测量	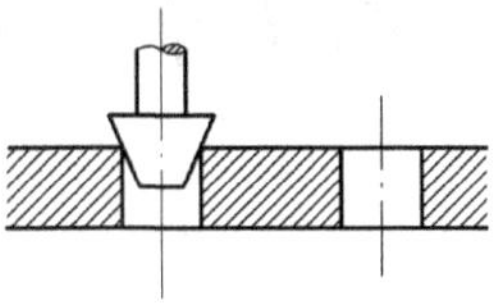	孔系部件
2	平面坐标测量	和 Z 轴平行的平面的内、外尺寸测量	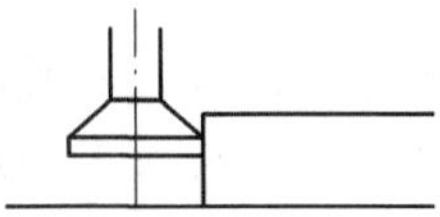	数控铣床的部件
		测头不能接触的部位的表面形状、间隙测量	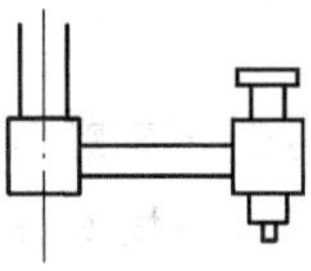	精密部件
3	高度关系的测量	高度方向的尺寸测量	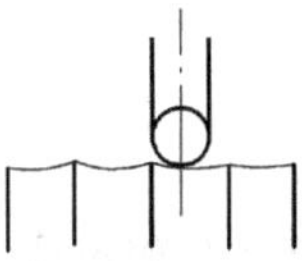	用球头立铣刀加工的具有三个坐标尺寸的被加工件
		与高度相关的平行度测量	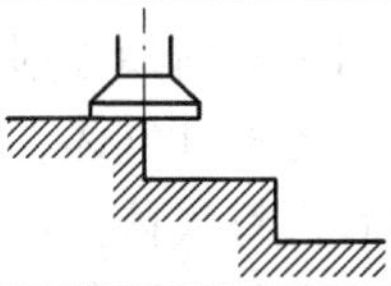	
4	曲面轮廓测量	把高度分成小间隔的一个平面上的轮廓形状测量	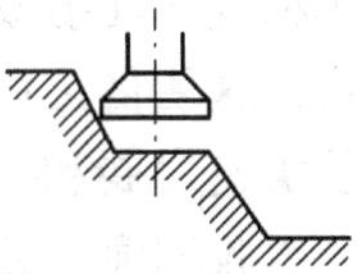	电火花机床用电极
5	三坐标测量	用球测头接触作不连续点的测量，以决定空间形状	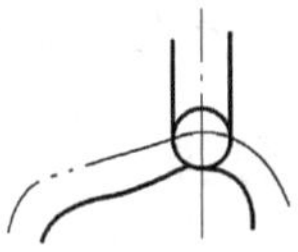	电火花机床用电极
6	角度关系的测量	安装圆工作台测量与角度相关的尺寸	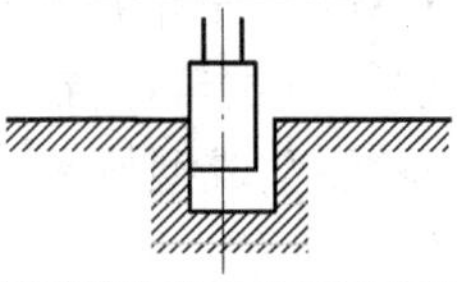	间隙、凸轮沟槽

第4章　先进成型技术

【本章应知】

1. 了解气辅成型技术、热流道技术的原理。
2. 了解气辅成型技术、热流道技术的应用范围和发展趋势。

【本章应会】

1. 掌握气辅成型技术的设计原则和特点。
2. 掌握热流道技术的应用和技术特点。

4.1　气辅成型技术

气辅成型技术是一项新兴的塑料注射成型技术，简称气辅成型，是为克服传统注射成型技术的局限性而发展起来的一种新型注射工艺，即对先注射了一定量或全部注满塑料熔体的模具型腔内再注射经压缩后的惰性气体，利用气体推动熔体完成充模并填补因塑料收缩后留下的空隙，而在塑件冷却后再将气体排出的连续过程。

气辅成型包括塑料熔体和气体注射成型两部分。与传统的注射成型工艺相比，它有更多的工艺参数需要确定和控制，这使得工业中生产的塑料制品表面和外形更完整无缺。因此，近年来气辅成型技术得到了快速发展和提高。它一般用于大型产品的成型，优势是可以让厚壁产品在冷却收缩后不会产生收缩痕，尤其是在有加强肋的地方；另外，由于产品中间是空心的，所以还可以省料，主要产品是电视机的前盖、汽车的外壳等。

4.1.1　气辅成型原理及分类

气辅成型（GAM 或 GAIM）是指在塑料充填型腔到适当的时候（90% ~99%）注入高压惰性气体（一般为氮气），并由气体推动熔融塑料继续充填至填满型腔，然后用气体保压来代替塑料保压过程的一种注塑成型技术。气辅成型可分为短射和满射两种形式。

1. 短射

短射是标准气体辅助注射成型工艺，模具中只充入部分塑料熔体，而没有必要完全充满。在塑料注射后，立刻或稍后注入气体，模具靠气体压力使熔体完全充满，图4-1 所示为短射气辅成型过程。

（1）工艺流程

1）型腔首先填充一定数量的熔体。

2）随后注入高压气体。

3）型腔依靠气体压力来使熔体完全充满，气体压力保持到熔体冷却定型。

4）气体排出减压后，打开模具。

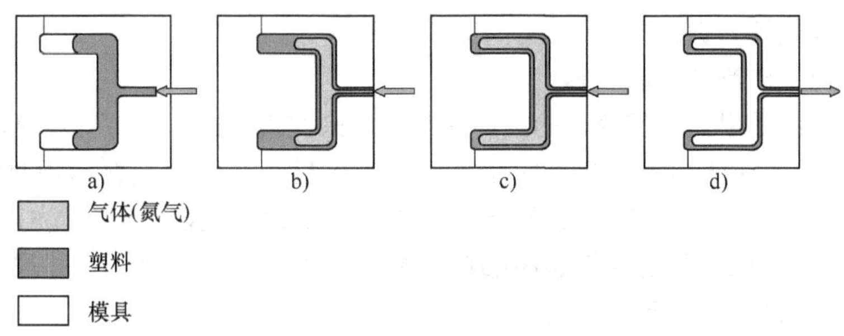

图 4-1　短射气辅成型过程

a）填充熔体　b）注入气体　c）保压　d）排气

（2）工艺要点　气体注入的开始时间和气体压力对于产品的质量非常重要。气体注入太早或初始压力过高都会导致制品破裂；而气体注入太晚或初始压力过低，则制品表面会产生缺陷，如停止痕会很明显。

（3）典型应用　该工艺适合棒状制品的成型，也适合于板状制品或局部厚壁的板状制品成型。

（4）工艺优点

1）缩短了产品的生产周期。

2）减轻了制品重量，从而节省原材料。

3）缩短了制品成型周期，从而降低生产成本。

4）降低型腔内的压力，从而提高模具的使用寿命。

2. 满射

满射将型腔全部注满，由于塑料已充满型腔，只有在熔体体积收缩时气体才可以进入。气体起到保压作用。图 4-2 所示为满射气辅成型过程。

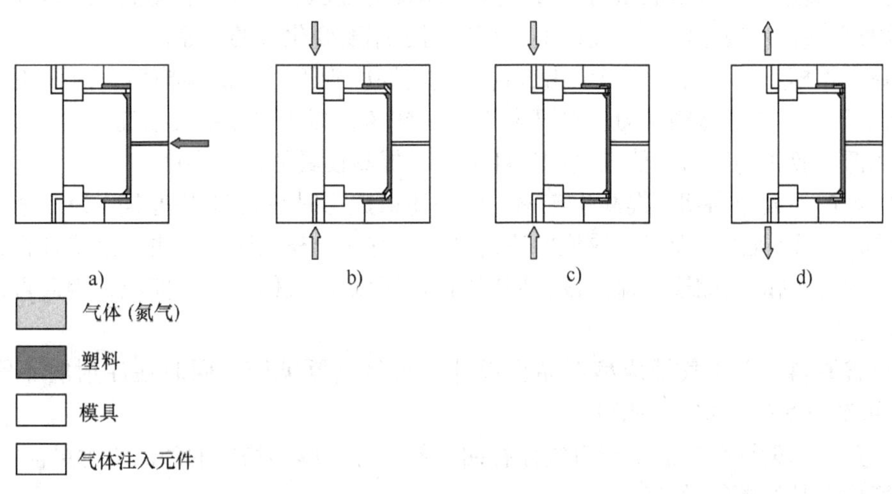

图 4-2　满射气辅成型过程

a）填充熔体　b）注入气体　c）保压　d）排气

（1）工艺流程

1）首先型腔被熔融塑料完全充满。

2）然后将氮气注入保压。

3）气体保压抵消制品冷却收缩。

4）气体注射的效果通过型腔内的气体注射组件来实现，减压后打开模具。

（2）工艺要点　由于熔融塑料已完全充满型腔，只有在熔融塑料体积收缩时气体才能注入。因此，气体实际上只起到保压作用。气体注入通常由型腔内的气体注射组件来实现。

（3）典型应用　该工艺适合板状制品或局部厚壁的板状制品成型，也适用于制品材料为半结晶高聚物，如 PP 或 PE 的成型。

（4）工艺优点

1）缩短了产品的生产周期。

2）减轻了制品重量，从而节省原材料。

3）消除制品表面缩痕，从而满足高质量的要求。

4）制品内应力降低，从而不会产生翘曲变形。

5）降低注塑机的锁模压力，从而在小机台上也可成型大件制品。

6）降低注塑机的耗电量。

7）降低生产成本。

4.1.2　气辅成型技术的特点

1）减少产品的残余应力，改善产品的翘曲缺陷。传统注射成型需要足够的高压，用以推动塑料由主流道流至充填末端，但高压会造成高流动切应力，其残余应力会造成产品变形。气体辅助注射利用气体穿透，形成中空气道，能有效传递压力，降低内应力，还可以减小产品发生翘曲的概率。

2）提高产品表面质量。传统注射成型产品由于物料收缩不均匀，会在厚部区域如肋部背后形成凹陷痕迹；但气辅成型可通过中空气体管道施压，促使产品收缩时由内向外进行，使成型后的产品在外观上没有明显缩痕，可应用于厚度变化大的产品。

3）降低锁模力。为防止塑料溢出，传统注塑保压阶段需要高锁模力；而采用气辅成型所需的保压压力不高，低锁模力一般可降 25% ~60%，减少成型机的损耗。

4）降低型腔内的压力，使模具的损耗减少，提高模具的使用寿命。

5）缩短产品成型周期，提高生产率。传统注射成型时注射过程基本分为三个阶段：充填段、压缩段、保压段；而气辅成型的注射过程只有一个充填阶段，也就是螺杆在充填满型腔后立刻回料，它的压缩段与保压段在回料的同时由高压气体保压来完成，因此可使生产率提高 20% 左右。

6）节省原料。由于气辅成型产品在设计时可将壁厚减薄，同时在注射时不需满料注射，因此可节省 5% ~30% 的原料。

7）拓宽产品设计范围。由于有气体补缩，使设计壁厚不均匀的产品成为可能。

8）简化产品的繁复设计。

4.1.3　气辅成型的工艺过程

气辅成型的实现主要有两种选择，二者的区别在于气体注入位置的不同。气体既可以通过注塑机注入制品，也可以从模具分流道或型腔直接注入制品。气辅助成型工艺主要分为以下四个阶段：

1. 塑料注射（充模）

占模具型腔体积大约70%～95%的熔料首先注入模具型腔。所需熔料的多少与制品结构及所用材料的熔体强度有关，一般需要通过试验得出，以保证充氮期间，气体不会把成品的表面吹破，并能有一个理想的充氮体积。熔料遇到温度相对较低的模具内壁，形成一个较薄的凝固层，这一初始阶段大致相当于常规注射成型工艺的充模早期阶段。与常规注射成型工艺相比，因为型腔只是被部分填充，并且模具中的气道也有助于熔料的流动，所以，气辅成型所需的成型压力低。另外，此过程是一个欠料注射过程，这时如果用料过多，很容易发生熔料堆积，料多的地方会发生缩痕；但料太少，则会导致吹穿。

2. 气体注射

注射熔料后，注塑信号传入气辅控制台，经过一个延迟时间（一般为0～4s），将高压惰性气体（一般为氮气，因为氮气价格低廉、容易得到且不易与塑料熔体发生反应）注入，气体在型腔中塑料熔体的包围下沿阻力最小的方向前进，对塑料熔体进行穿透和排空，作为动力推动塑料熔体充满模具型腔，高压气体取代熔体在制品内部形成中空截面。

3. 气体保压

气体保持较高的压力水平，使制品在均匀的保压作用下逐渐冷却。在保压阶段，气体由内向外施加压力，以保持制品外表面与模具内表面紧贴，并通过气体二次穿透（气体在塑料内部继续穿透）从内部补充因熔体冷却后引起的材料收缩。

4. 排出气体和制品顶出

当制品冷却到具有一定刚度和强度后，排出气体，开模顶出制品。

4.1.4 气辅成型设备及系统

气辅成型的主要设备包括精密塑料注射成型机、气体压力控制单元、高压气源和气辅注射成型模具等设备，如图4-3所示。

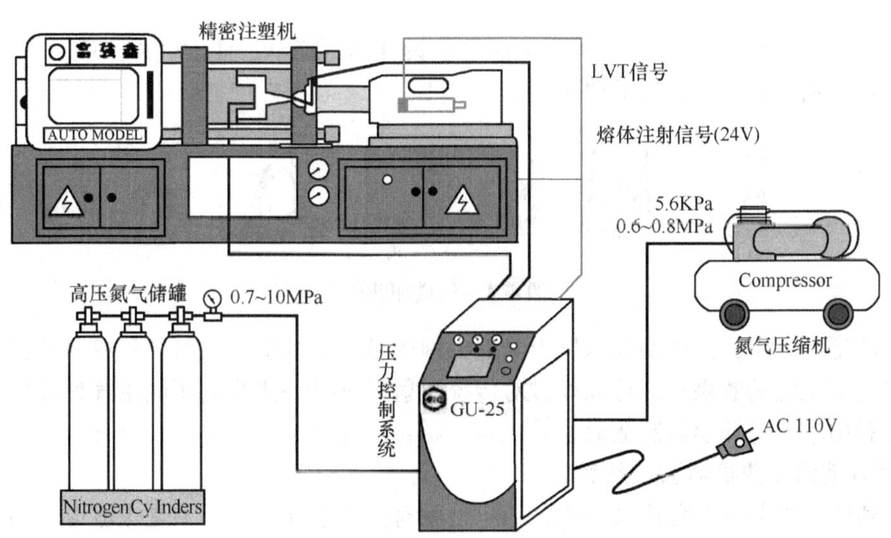

图4-3 典型的气体辅助注塑系统组成

1. 精密塑料注射成型机

气辅成型技术由于其工艺的特殊性，要求在注射成型设备的基础上增加一套气辅装置。通过设置在注射成型机的注射最内层材料的注塑装置中的螺杆行程位置触发器（电子尺）来触发气体压力控制单元。

由于气辅成型通过精确控制注入型腔的预注射量来控制制品的重量、中空率及气道的形状，所以对塑料注射成型机的注射量和注射压力控制精度要求较高。通常注射量精度误差应在±0.5%以内，注射压力波动相对稳定，控制系统能和气体压力控制单元匹配。因此，要采用注射量和注射压力控制精度较高的精密塑料注射成型机。由于气辅成型采用气体压力来充填型腔并保压，因此在同等条件下可采用比传统注射成型工艺所要求的吨位低得多的注塑机。若注射系统的气体压力控制单元是采用注塑机螺杆位置触发方式，那还必须在注塑机料筒的内壁安装一个位置传感器；若采用注嘴进气方式，那就应将注塑机熔体喷嘴换成主流道式喷嘴。主流道式喷嘴结合在注塑机上，其直径与输送塑料熔体的筒壁必须相同，以便更好地校核和定位。

2. 气辅注射成型模具

气辅成型制品的模具和传统注塑成型技术（CIM）制品的模具的一个重要区别在于前者具有与压力控制器相连的气体通道，且型腔内要有气体穿透的通路，以便熔体能够顺利充满型腔。因此，在设计模具时要根据制品的尺寸、形态及注塑机的情况来安排气体进入制品中的部位，即选择通过注塑机喷嘴、从流道内，还是从制品内进行气体辅助注射成型。当选择从流道或制品内进气进行成型时，应考虑能否顺利脱模以及制品外观等问题，通常气针位置的选取是一个棘手的问题。

在设计上，影响气体穿透的主要因素取决于气道的大小与形状、气道的位置。气道布置要符合气体沿最短路径从高压往低压（最后充填处）穿透这个原则，主要注意事项如下：

1）气道应根据塑料流动方向布置，尽量使气体穿透方向与塑料流动方向一致。

2）气道要避免形成回路。

3）气道要布置均衡，使气道末端也能穿透气体，保证气体只在气道中穿透而不进入薄壁部分。

4）主气道可沿角部或肋位设计，同时要求设计尽量简单，便于气体穿透。

图4-4所示为几种常见气道和肋位。

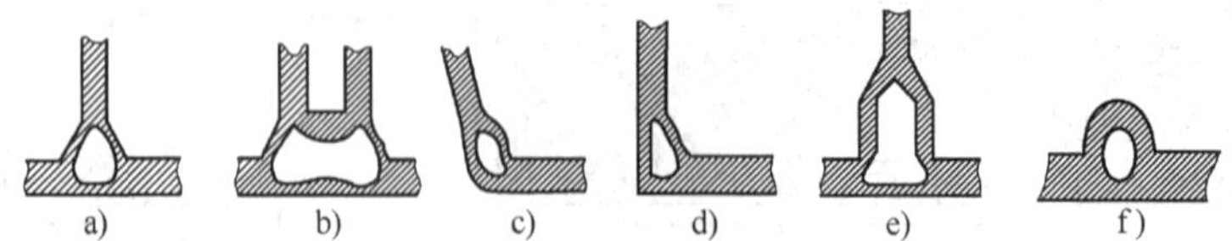

图4-4　气道和肋位

气辅成型过程中，由于型腔内压力降低，因此可以大幅度降低对模具壁厚的要求，充分发挥气辅成型工艺的效果；也可以通过对传统注射模进行一些改造而应用气辅成型工艺，提高模具的利用率，降低模具制造成本。

3. 气体辅助注塑机喷嘴（气针）

因气辅成型工艺有两种注气方式，相应地就有两类进气嘴：一类是主流道式喷嘴，另一类是气体通路专用喷嘴。

主流道式喷嘴如图4-5所示，允许塑料熔体和气体共用一个喷嘴。熔体注射结束后，喷嘴切换到气体通路上实现气体注射。

气体通路专用喷嘴也叫气针，可分为静态进气嘴和可伸缩进气嘴（图 4-6）。一般来说，气针本身要能调节气流的大小，可控制气流量，达到多个进气点之间的平衡。静态进气嘴注气方向与开模方向一致，可伸缩进气嘴的注气方向可与开模方向垂直。两种进气嘴都必须要有良好的气密性，绝对地将喷嘴前的熔体与气体分离，不能让熔体穿入喷嘴。静态进气嘴直接安装在模具上；可伸缩进气嘴由于在注气前要伸入型腔，在开模前必须缩回，因而还必须配备相应的伸缩动作控制装置，其伸缩可通过控制系统对一个气缸进行控制来实现。气针是结合在模具上的，因而其尺寸很小，以便模具制造商在充、排气位置的选择上有更大的空间。现在市场上较为流行且品质较好的此类气针品牌有德国巴顿菲尔（Battenfeld）公司的 Airmould 等。

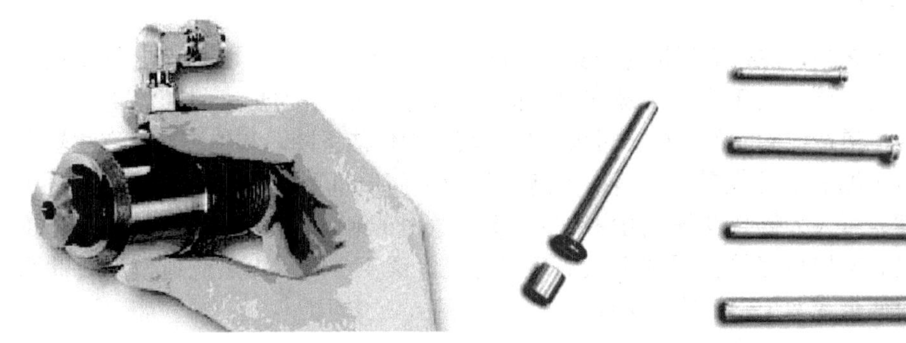

图 4-5　喷嘴

图 4-6　可伸缩进气嘴

4. 高压氮气源

高压氮气源主要是瓶装高压氮气，或从空气分离装置分离出的氮气经压缩后制备的高压氮气。气体压力控制器一般有启动压力，即只有当高压氮气源的压力高于设定值时，气体压力控制器才能正常工作。瓶装高压氮气或氮气分离增压装置的使用，一般需要根据实际生产情况来确定。

5. 气体压力控制单元

气体压力控制单元主要包括信号控制系统（即触发器，如图 4-7 所示，包括位移触发器和电子触发器两种）和压力控制系统（气体压力控制器如图 4-8 所示）。信号控制系统的主要功能是接收注射成型机注射结束的信号以控制延迟时间，然后将此信号反馈给压力控制器。压力控制器接收到信号控制系统的信号后，根据设定值便可精确控制各个气体压力段的压力和时间。

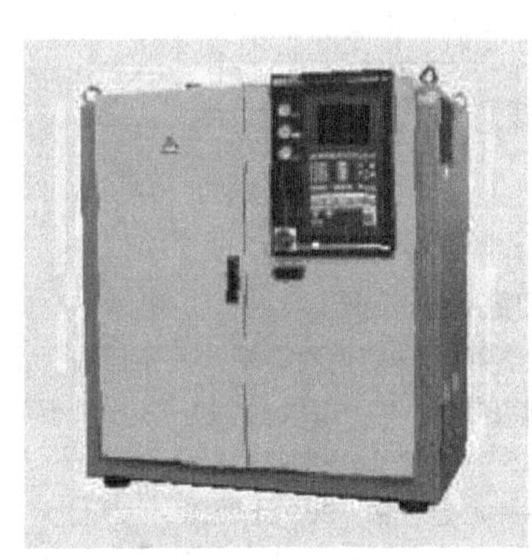

图 4-7　触发器

图 4-8　压力控制器

4.2 热流道技术

热流道技术是目前广泛应用于塑料注射工艺过程的一项先进技术。热流道系统安装于塑料注射成型模具上，与注射成型机相联接，且与模具本体隔热安装。热流道系统相当于将注射成型机的喷射系统重新分布并延伸至模具型腔的进料口，通过电热元件作用并配以精确的温度控制，使流道系统内的塑料在注射成型过程中始终处于熔融状态，保持射出压力最小的损失，实现无冷凝废料柄的注射成型。

4.2.1 热流道塑料模具

在传统的注塑工艺中，注射成型机与模具直接联接，即所谓冷流道。这种工艺导致注塑过程中产生大量废料；同时由于废料是被加热过的，所以这些用于加热废料的能量也被浪费。另外，由于冷流道造成制品的内应力过大，导致其物理性能下降。和传统冷流道注塑成型相比，热流道技术能够节约大量原材料，提高产品的表面质量及力学性能，降低注塑压力，缩短成型周期，可大大提高设备利用率和生产率，适用于绝大多数塑料原料。热流道技术的推广和应用具有丰厚的经济回报和重大的环保意义。图 4-9 所示为热流道模具喷嘴系统，用于同时注射两个或两个以上的模塑件。

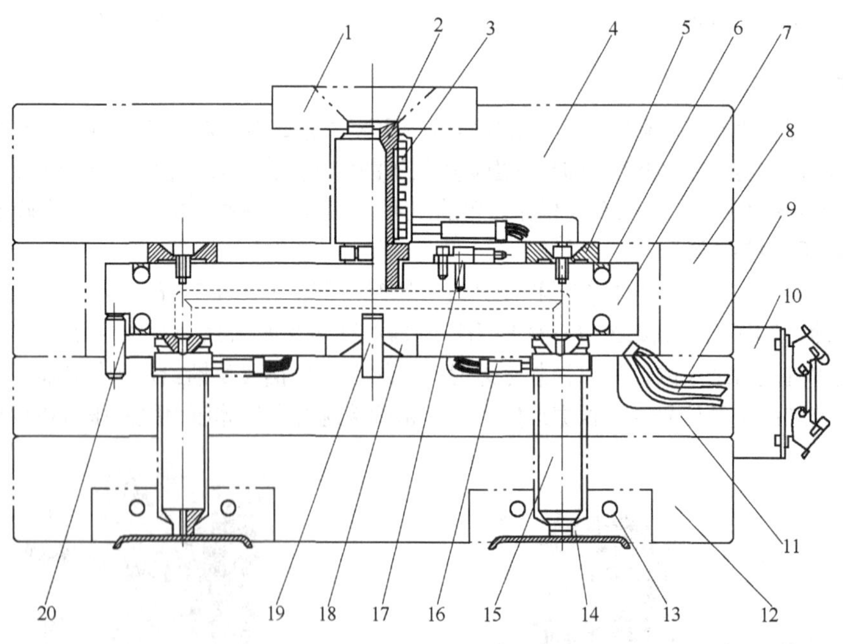

图 4-9 热流道模具喷嘴系统

1—中心定位环 2—主流道喷嘴 3—主流道喷嘴加热器 4—定模固定板 5—承压圈 6—电热弯管 7—流道板（分流板） 8—垫板 9—耐温导线 10—接线盒 11—定模夹板 12—定模板 13—冷却水孔 14—塑料制品 15—喷嘴 16—喷嘴引出导线 17—流道板测温热电偶 18—支撑垫 19—中心定位销 20—止转销

中心定位环 1 的外径与注射成型机上定模板定位孔相配；中心定位环内孔与主流道喷嘴 2 的定位轴段紧配合；主流道喷嘴入口的凹坑和孔径与注射成型机喷嘴的凸球和孔径相配。主流道喷嘴用螺纹与流道板 7 相联接。热流道喷嘴的通道直径与流道板上的流道直径相配，比流道板上的流道直径大 1mm，喷嘴的流道入口有斜角过渡；流道板在双平面上嵌装了金属管状电热弯管 6，并安装了流道板测温热电偶 17。流道板悬置于定模板 4 与垫板 8 构成的模框中，利用空气绝热。测温热电偶布置在浇口和高温热点处（如加热能输出量最大的点、加热器与熔体通道之间或主流道的末端等），达到防止塑料熔体分解的目的，经喷嘴将熔体注射进模具的型腔或附加的冷流道。

4.2.2 热流道系统的组成

热流道系统按塑料熔体的输送流动过程分为四个功能区，即主流道喷嘴、流道板、喷嘴和浇口。在热流道系统中，注射成型机料筒注入的熔体经过主流道喷嘴分送到流道板中的分流道，熔体进入型腔要经过浇口的调节，其中浇口可以是喷嘴的组成部分，也可以是模具的一部分。

热流道系统按其结构可分为单喷嘴系统和多喷嘴系统。单喷嘴系统由一只喷嘴和单组温控器组成，多应用于结构简单的单型腔模具。多喷嘴系统由热流道板和两个以上喷嘴以及多组温控器组成，一般用于多型腔或单腔多点进料的模具。

1. 热流道喷嘴

热流道喷嘴按其结构不同可分为开放式和针阀式两大类。

（1）开放式喷嘴　开放式喷嘴又分为直浇道和点浇道两种及其若干派生品种。其中，直浇道喷嘴的优点是注射压力小且适用于几乎所有塑料品种，缺点是喷嘴会在产品上留下少量废料柄，去除废料柄后产品表面会有痕迹。

点浇道喷嘴又有内热式和外热式之分。内热式喷嘴的加热元件装在喷嘴内一鱼雷体内，熔融树脂在鱼雷体外的热流道中通过。尽管电热利用率高，但由于其结构较复杂、对电热元件质量要求较高且零件更换较困难，因此内热式喷嘴的应用受到很多限制。图 4-10 所示为内热式喷嘴外热式喷嘴结构简单，加热圈采用弹簧式结构，可以按照温度分相要求灵活设计功率密度分配，使整体加热均匀。和内热式喷嘴相比，外热式喷嘴的流道更畅通，熔料压力损失更小，维修和更换器件更方便，适用范围更广，从而得到更普遍的应用。点浇道喷嘴的优点是可以做到无废料柄，缺点是注射压力较大，且对塑料品种和配方有选择性。

（2）针阀式喷嘴　如图 4-11 所示，针阀式喷嘴在传统开放式直浇道喷嘴中加以动作迅速的阀针，以控制型腔填充的过程。在模具关闭前，针阀式喷嘴通常将注塑机料桶及模具流道中的熔融树脂预先压缩到界限或其附近，当模具关闭时阀针在瞬间后退，喷嘴开放，此时预先压缩的熔融树脂猛然充入模具内，熔融树脂直到充满模膛，阀针再关闭。其中，阀针作为运动的部件，其结构成为针阀式喷嘴的主要特点。

目前，阀针运动的形式主要有以下几类：弹簧式、直接气动式、液压阀杆式、液压缸式、滑槽式、气缸带动齿轮齿条式等。

针阀式喷嘴的主要优点有：在成型品上不会留下进浇道的残迹，进浇道处痕迹平滑，能使用较大直径的浇口，可使型腔填充加快而减少制品上的内应力，同时也可避免异物的堵塞问题；可防止开模时出现牵丝现象以及某些低黏度塑料流延问题；当注塑机螺旋杆后退时，可有效地防止从型腔中反吸物料。

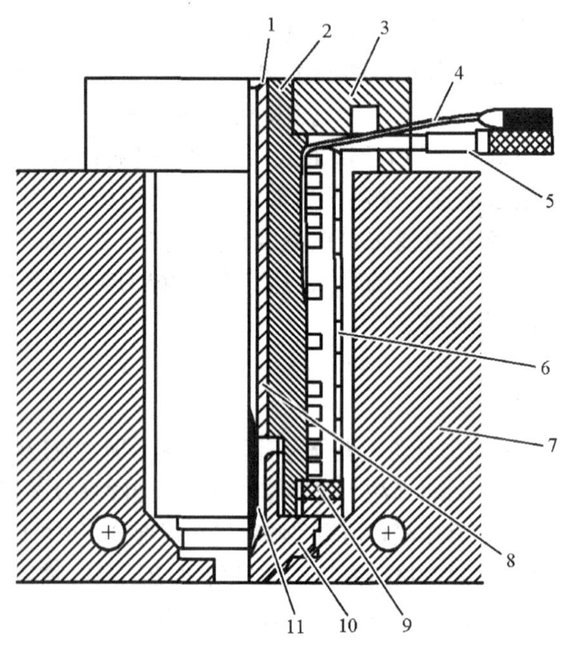

图 4-10　加热式喷嘴

1—衬套　2—芯体　3—定位圈　4—热电偶　5—电加热圈　6—隔热罩
7—模具　8—流道　9—绝热垫　10—喷嘴头　11—鱼雷头

由于其结构的特点，针阀式喷嘴特别适用于需要高注射压力及高黏度材料的场合，如手机外壳、大型家电外壳、汽车内外饰件、光盘、聚酯瓶坯等产品的成型。

2. 热流道板

对于多型腔的热流道模具需要在模具内设置热流道板。热流道板的主要任务是恒温地将熔体从主流道送入各个单独的喷嘴。在熔体传送过程中，熔体压力降应尽可能小，且不允许有材料降解，熔体到各喷嘴的流程应尽量一致。热流道板用加热器加热，采用绝热材料、绝热垫块或空气间隙与模具部分隔热。

热流道板的设计依据塑件的大小、形状、型腔及浇口数量，其基本型号分为 I、Y、X、H、T 型，图 4-12 所示为分流道板产品。在设计过程中，需要对热流道板进行加热功率的计算以实现分区控温，并考虑材料刚度、热膨胀特性、密封性和隔热措施。热流道板的分流道要求分布平衡，即每个喷嘴的流动长度、压降和剪切速率相同。

图 4-11　针阀式热流道喷嘴产品

图 4-12　分流道板产品

3. 温控器

热流道系统必须处于热平衡状态，热流道模具对于喷嘴及浇口区域的温度变化极为敏感，准确的温度控制是顺利完成热流道自动操作的关键。

目前国内注射模的热流道绝大多数用直接电加热法，加热器能均匀加热且补偿热量损失，由灵敏的热电偶和温度调节器对系统中的流道板和各喷嘴进行准确的控制。由于采用分区加热，多点控温，需要多个加热及控温装置。常用的温度控制系统为温控表控制接触器，当模具温度低于设定值，接触器闭合，全电压加在加热元件上，温升很快。其缺点是温度波动范围大，对加热元件损坏严重。

近年来，在大型热流道模具上逐步采用脉冲调宽式温控系统，输出控制器件选用进口大功率双向可控硅输出，工作稳定，性能可靠。目前，国外的热流道温控系统已实现微电脑控制，采用 PID 连续调节，其精度可达 ±0. 5℃。

4. 2. 3 热流道塑料模具的设计程序

热流道塑料模具是一种涉及多方面技术的较复杂的结构，可以按照“自顶而下”的方法设计热流道塑料模具。

第一，根据塑件的结构和使用要求，确定进料口位置。只要塑件结构允许，在定模镶块内喷嘴和喷嘴头不与成型结构干涉，热流道系统的进料口可放置在塑件的任何位置上。常规塑件注射成型的进料口位置通常根据经验选择。对于大而复杂的异形塑件，注射成型的进料口位置可运用计算机辅助分析（CAE）模拟熔融状塑料在型腔内的流动情况，分析模具各部位的冷却效果，确定比较理想的进料口位置。

第二，确定热流道系统的喷嘴头形式。塑件材料和产品的使用特性是选择喷嘴头形式的关键因素，塑件的生产批量和模具的制造成本也是选择喷嘴头形式的重要因素。

第三，根据塑件的生产批量和注射设备的吨位大小，确定每模的腔数。

第四，由已确定的进料口位置和每模的腔数确定喷嘴的个数。如果成型某一产品，选择一模一件一个进料口，则只要一个喷嘴，即选用单头热流道系统；如果成型某一产品，选择一模多腔或一模一腔两个以上进料口，则需要多个喷嘴，即选用多头热流道系统，但对有横流道的模具结构除外。

第五，根据塑件重量和喷嘴个数，确定喷嘴径向尺寸的大小。目前相同形式的喷嘴有多个尺寸系列，分别满足不同重量范围内的塑件成型要求。

第六，根据塑件的结构确定模具的结构尺寸，再根据定模镶块和定模板的厚度尺寸选择喷嘴的标准长度系列尺寸，最后修整定模板的厚度尺寸及其他与热流道系统相关的尺寸。

第七，根据热流道板的形状确定热流道固定板的形状，在其板上布置电源线引线槽，并在热流道板、喷嘴、喷嘴头附近设计足够的冷却水环路。

第八，完成热流道系统塑料模具的设计图绘制。

4. 2. 4 热流道系统的发展方向

1. 热流道模具应用的分布

作为一项先进的注塑加工技术，目前全世界的热流道模具的实际使用量约占全部塑料模具消费量的 20% ~30%，具体应用的分布情况见表 4-1。

表 4-1　热流道模具应用分布情况

地区或国家	美国	德国	亚洲	中国
采用比例	40%	30%	10%	<5%

热流道技术广泛应用是塑料模具的一大变革，在注塑成型方面，其拥有相当多的无可比拟的优势。可以这样说，随着其技术的进一步发展成熟和制造成本的降低，热流道模具在塑料模具中的比重将逐步提高。

2. 热流道模具的主要发展趋势

当前，国内外热流道模具的主要发展趋势可归纳为以下几个方面：

1）将元件小型化。以实现小型制品的一模多腔和大型制品多浇口充模。通过缩小喷嘴空间，可在模具上配置更多型腔，提高制品的产量和注射成型机的利用率。

2）将热流道元件标准化。当前，用户要求模具设计和制造周期越来越短，将热流道元件标准化不仅有利于减少设计工作的重复和降低模具的造价，并且十分便于对易损零部件的更换和维修。

3）热流道模具设计整体可靠性提高。如今国内外各大模具公司对热流道板的设计和热喷嘴相联接部分的压力分布、温度分布、密封等问题的研究开发极为重视。

4）叠式热流道注射模得到开发和利用。叠式模具可有效增加型腔数量，而对注射机合模力的要求只需增加 10% ~15%。叠式热流道模具在国外一些发达国家已用于工业化，在国内的注塑行业已得到广泛应用，如一次性餐具、瓶盖、防盗扣及提手等小件大批量产品。

5）改善热流道元件材料。改善热流道元件材料的目的在于提高喷嘴和热流道的耐磨性和用于敏感材料成型，如使用钼钛等韧性合金材料制造喷嘴，以金属粉末注射成型经烧结制成热流道元件已成为可能。

6）开发精确的温控系统。在热流道模具中，开发更精密的温控装置，控制热流道板和浇口中的熔融树脂的温度是防止树脂过热降解和产品性能降低的有效措施。

7）将热流道用于共注。通过支管和热喷嘴元件的有效组合设计可使共注成型与热流道技术相结合，由此成型 3 层、5 层甚至更多层的复合塑料制品。

第5章　模具的表面光整加工技术和表面强化技术

【本章应知】

1. 了解模具的表面光整技术、表面强化技术的分类和发展；
2. 了解表面强化技术在大型模具中的应用。

【本章应会】

1. 掌握各种抛光技术的特点、操作要点以及应用；
2. 掌握化学气相沉积和物理气相沉积的区别、应用特点。

5.1　模具的表面光整加工技术

表面光整加工是指工件经过精加工后，从工件上累加或切除极薄的材料层，以降低工件表面粗糙度值或强化其表面的加工方法。表面光整加工可以获得比一般机械加工更高的表面质量，其特点如下：

1）光整加工的加工余量小，一般只改善表面质量（降低表面粗糙度值、消除划痕和毛刺等），不影响加工精度。

2）光整加工是用细粒度的磨料对工件表面进行微量切削和挤压、划擦的过程，不需要很精确的成形运动，但需要保证磨具与工件加工表面之间具有尽量复杂的相对运动和较大的随机性接触，以使表面误差逐步均化直到消除，从而获得很高的表面质量。

3）光整加工时，磨具相对于工件没有确定的定位基准，一般不能修正加工表面的形状和位置误差，其加工精度是由先行工序保证的。

5.1.1　表面光整加工技术的分类

1. 机械抛光

机械抛光是指借助于高速旋转的、抹有抛光膏（液）的抛光轮与零件的摩擦，以提高金属制件表面光亮度的机械加工过程。其原理是抛光轮高速旋转，金属表面与抛光轮摩擦产生高温，同时提高金属表面塑性，在抛光力的作用下金属表面产生塑性变形，凸起的部分被压入并流动，凹进部分被填平，使细微不平的表面进一步得到改善。在抛光过程中，抛光膏（液）与被抛光金属发生化学反应，能够加快出光速度。机械抛光实际上是切削掉金属的氧化层，减薄量很小，操作时一般使用磨石条、羊毛轮、砂纸等工具，以手工操作为主。特殊零件如回转体表面，可使用转台等辅助工具。表面质量要求高的可采用超精研抛的方法。超精研抛是采用特制的磨具在含有磨料的研抛液中，紧压在工件被加工表面上做高速旋转运动。利用该技术加工的表面其表面粗糙度值可以达到 $Ra0.008\mu m$，是各种抛光方法中效果最好的，光学镜片模具常采用这种方法抛光。

2. 化学抛光

化学抛光是让材料浸在化学介质中，材料表面微观凸出的部分较凹下部分优先溶解，从而得到平滑面。这种方法的主要优点是不需要复杂设备，并且可以抛光形状复杂的工件，也可以同时抛光很多工件，工作效率高。化学抛光的核心问题是抛光液的配制，抛光得到的表面粗糙度值一般为 $Ra10\mu m$。

3. 电化学抛光

电化学抛光即电解抛光。电解抛光的基本原理与化学抛光相同，即靠溶解材料表面微小的凸出部分，来降低表面粗糙度值。与化学抛光相比，电解抛光可以消除阴极反应的影响，效果较好。电化学抛光过程分为两步：

1）宏观整平。溶解产物向电解液中扩散，材料表面粗糙度值降低，此时其值大于 $Ra1\mu m$。

2）微光平整。阳极极化，表面光亮度提高，抛光后可得表面粗糙度值小于 $Ra1\mu m$ 的表面。

4. 超声波抛光

将工件浸入磨料悬浮液中，再一并置于超声波场，依靠超声波的振荡作用使磨料在工件表面磨削抛光。超声波加工的宏观力小，不会引起工件变形，但工装的制作及安装较困难。超声波加工可以与化学或电化学抛光方法结合进行，在溶液腐蚀、电解的基础上，再施加超声波振动搅拌溶液，使工件表面溶解产物脱离，使得工件表面附近的腐蚀或电解质均匀。同时，超声波还能够抑制腐蚀过程，有利于表面光亮化。

5. 流体抛光

流体抛光是依靠高速流动的液体及其携带的磨粒冲刷工件表面以达到抛光的目的，常用方法有磨料喷射加工、液体喷射加工和流体动力研磨等。其中，流体动力研磨是由液压驱动，使携带磨粒的液体介质高速往复流过工件表面，液体介质主要采用在较低压力下流动性较好的特殊化合物（聚合物状物质）并掺上磨料制成，磨料可采用碳化硅粉末。

6. 磁研磨抛光

磁研磨抛光是利用磁性磨料在磁场作用下形成磨料刷对工件进行磨削加工。这种加工方法效率高、质量好，并且加工条件容易控制。工作条件好的情况下采用合适的磨料，被加工零件的表面粗糙度值可以达到 $Ra0.1\mu m$。

5.1.2 表面光整加工技术的应用

1. 模具机械抛光技术的应用

一般来说，表面抛光只要求获得光亮的表面即可。但在塑料模具加工中所说的抛光却不仅仅要求获得光亮的表面，严格来说，模具的抛光应该称为镜面加工。它不仅对抛光本身有很高的要求，并且对表面平整度、光滑度以及几何精确度也有很高的标准。镜面加工的标准分为四级：$Ra0.008\mu m$、$Ra0.016\mu m$、$Ra0.032\mu m$、$Ra0.063\mu m$。由于电解抛光、流体抛光等方法很难精确控制零件的几何精确度，而化学抛光、超声波抛光、磁研磨抛光等方法的表面质量又达不到要求，所以精密模具的镜面加工还是以机械抛光为主。

（1）机械抛光的基本程序　要想获得高质量的抛光效果，最重要的是要备有高质量的磨石、砂纸和钻石研磨膏等抛光工具和辅助品。而抛光程序的选择取决于前期加工后的表面状况，前期加工有机械加工、电火花加工、磨削加工等。机械抛光的一般过程如下：

1）粗抛。经铣削、电火花加工、磨削加工等工艺后的表面可以选择转速在 35000 ~ 40000r/min 的旋转表面抛光机或超声波研磨机上进行抛光。常用的方法是利用直径 ϕ3mm、WA400 的砂轮去除白色电火花层，然后是用磨石手工研磨，或用条状磨石加煤油作为润滑剂或冷却剂，磨具粒度一般按 F180 到 F1000 顺序使用，许多模具制造商为了节约时间而选择粒度从 F400 开始。

2）半精抛。半精抛主要使用砂纸和煤油。砂纸的粒度从 F400 到 F1500。但粒度为 F1500 砂纸只适用于淬硬的模具钢（硬度在 52HRC 以上的），不适用于预硬钢，因为这样可能会导致预硬钢件表面烧伤。

3）精抛。精抛主要使用钻石研磨膏，利用抛光布轮混合钻石研磨粉或研磨膏进行研磨，通常从 9μm（F1800）到 3μm（F8000），即先用 9μm 的钻石研磨膏和抛光布轮除去半精抛留下的发状磨痕，再用粘毡和钻石研磨膏进行抛光。

（2）机械抛光的要点

1）用砂纸抛光应注意以下几点：

① 用砂纸抛光时应利用软的木棒或竹棒。在抛光圆面或球面时，使用软木棒可更好地配合圆面和球面的弧度。

② 换用不同型号的砂纸时，抛光方向应变换 45° ~ 90°，这样可以分辨出前一种型号砂纸抛光后留下的条纹阴影。在换不同型号砂纸之前，必须用 100% 纯棉花蘸取酒精之类的清洁液对抛光表面进行仔细的擦拭。

③ 为了避免擦伤和烧伤工件表面，在用粒度为 F1200 和 F1500 砂纸进行抛光时应加载一个轻载荷，并采用两步抛光法对表面进行抛光。不论用哪种型号的砂纸进行抛光时，都应沿两个不同的方向进行两次抛光，且两个方向之间每次转动 45° ~ 90°。

2）用钻石研磨膏抛光应注意以下几点：

① 钻石研磨膏抛光应尽量在较轻的压力下进行，抛光预硬钢件或用细研磨膏抛光时更要注意。

② 使用钻石研磨膏抛光时，不仅要求工件表面洁净，操作者的双手也必须仔细清洁。

③ 每次抛光时间不应过长，时间越短，效果越好。如果抛光过程进行得过长将会造成“橘皮”和“点蚀”现象。

④ 应避免使用容易发热的抛光方法和工具，否则无法获得高质量的抛光效果。

⑤ 抛光完成后，为保证工件表面洁净和加工质量，首先应仔细去除所有研磨剂和润滑剂，随后在表面喷淋一层模具防锈涂层。这一点至关重要。

⑥ 灰尘、烟雾、头皮屑和口水沫都会影响高精密抛光的表面质量。因此，精度要求在 1μm 以上的抛光工艺必须在一个清洁的抛光室内进行，而更加精密的抛光则需要一个绝对洁净的空间。

（3）影响模具抛光质量的因素　由于机械抛光主要由人工完成，因此人为因素对抛光质量有着很重要的影响。除了这个因素，抛光质量还与模具材料、抛光前的表面状况、热处理工艺等有关。优质的钢材是获得良好抛光质量的前提条件。

1）硬度对抛光工艺的影响。硬度增加会增大研磨的困难，但抛光后的表面粗糙度值变小。由于硬度的增高，要达到较低的表面粗糙度值所需的抛光时间相应增长。同时硬度增高，抛光过度的可能性相应减少。

2）工件表面状况对抛光工艺的影响。钢材在机械加工的过程中，表层会因热量、内应力或其他因素而损坏，并且切削参数选择不当会影响加工后的工件表面质量，从而影响抛光效果。电火花加工后的表面比普通机械加工或热处理后的表面更难研磨，如电火花高温加工处理不当，受影响的最大表面深度可达0.4mm，而且产生的再硬化薄层的硬度比基体硬度高，很难去除。因此，完成电火花加工前应采用细电火花程序，以避免表面形成再硬化薄层。对表面状况较差的工件，最好增加一道粗磨加工，彻底清除损坏的表面层，以构成一片表面粗糙度值均匀的金属面，为抛光加工提供一个良好的基础。

2. 模具电化学抛光技术的应用

电化学抛光是利用金属的电化学阳极溶解对表面进行修磨和抛光，其方法与电解磨削类似。导电工具一般使用金刚石导电锉或导电石墨磨石，接到脉动电源的阴极，被抛光的工件（如模具）接到电源的阳极。

导电工具与被抛光金属表面接触进行锉磨，加工区域供给无害的安全电解液，模具表面就产生了电化学阳极溶解。表层的阳极膜和电解产物不断地被导电工具上的磨料刮除，使电化学溶解顺利地继续进行。此外，电化学抛光时伴随有微弱的火花放电和轻微的机械刮削声，因此电化学抛光结束后应再用电动抛光器加毡轮等，涂适量抛光膏（如绿油等）轻轻擦去黑膜，即显现出光亮的金属表面。

（1）电化学抛光的操作要点

1）无液情况下导电锉与工件禁止通电接触，以免烧伤导电工具或工件。同时，还应禁止在严重缺液情况下进行抛光，以防产生氢爆。在发现缺液或电解液流量很小时，应及时疏通管道、清洗过滤网布等，洗去脏物后才能继续抛光。

2）电化学抛光只需轻轻接触作往复或弧圈状移动，切不可像机械打磨一样用力，以防刮出划痕或短路。

3）人造金刚石导电锉的形状应与被抛光工件基本相同。如果确实难以选中相符的导电锉，可使用导电石墨磨石进行修整，使之与工件具有基本相同的形状。这样，导电锉夹紧在手柄上可很快地跟模具形状自然吻合，成为基本“万能”的工作头。也就是说，石墨是“活”的可变工作头，可对任何复杂型腔进行抛光。

4）抛光操作时，金刚石导电锉或导电石墨磨石一定要按规定接至脉动电源的负极。

5）抛光较大模具时，抛过的表面应清洗擦干并涂一层防锈油脂进行保存。

6）有时，个别模具电解抛光后表面会产生一种似花纹状的假光面，这是由于工件或模具的材质成分不同，它们的电解性质和导电性能也不同而产生的。

7）电解液循环系统喷液头的运动应跟导电锉同步，这样有利于液体正常、自动地循环。

（2）电化学抛光技术的特点

1）电化学抛光具有相当好的金属去除率，不受材料硬度和韧性的限制。

2）电化学抛光适应性好，可抛光各种较复杂的型腔，如沟槽、角部、窄缝以及不规则的圆弧等。

3）电化学抛光可对模具起整平作用。电化学抛光可去除电火花加工和线切割加工所产生的表面高低不平的硬化层以及线切割的走丝纹路，从而获得无任何条纹的光亮表面。

4）电化学抛光的速度可调节，整个抛光过程都可掌握。

5）电解液自动循环、反复使用，操作点极易观察。

6）对大平面或圆形面的固定面抛光，可装在专用夹具上作往复或圆周运动，从而不用手工操作。

7）劳动强度低，工作效率高，模具制造周期短。

3. 模具流体抛光技术的应用

流体抛光机的工作原理是：将工件和抛光金刚石粉末胶泥装入上、下工作缸中，使工件的待抛光面与抛光胶泥处于密封状态下，并在流体抛光机的液压装置作用下，使得抛光胶泥在抛光的全过程中始终保持高压、高速度的状态，并以这种状态反复通过工件需抛光的表面与工装围成的间隙，使抛光胶泥对工件表面进行磨削达到抛光的目的。由于抛光胶泥在高压作用下可以像液体一样无孔不入，使工件表面的细小沟槽和孔隙都能得到抛光，既能充分抛光以达到产品的表面粗糙度要求，又能保证产品的尺寸公差和几何公差，这是传统抛光方法无法做到的。

下面以电机转子精冲模凹模为例讲解，其技术要求为：极限偏差为±0.01mm、表面粗糙度值为 *Ra*0.1μm。

这个凹模的型腔是用线切割加工出来的，需要通过抛光提高其表面粗糙度。如用传统的抛光手段，不仅耗时长达几个小时，而且内腔的尺寸精度、形状精度都难以保证；而流体抛光机的流体抛光技术不仅可以保证内腔的尺寸和形状精度，而且工作效率高。

这种流体抛光技术目前只适用于加工模具的通孔、内型腔、小零件外部异形通槽等，而且被加工的工件不能太大。虽然流体抛光技术目前在应用范围上还有一定局限性，但是它已经极大地改善了抛光工艺。与传统抛光相比，它的最大特点是能大幅度地提高异形产品及长孔产品的抛光效率和效果，也保证了大批量产品进行抛光的互换性。综上所述，流体抛光作为一种高效的抛光手段，必定会得到广泛的应用。

除以上介绍的几种抛光方法，模具表面光整方法还有很多，其目的就是将模具表面光洁程度与强度进一步提高，使得模具寿命和制造的产品表面粗糙度值达到预期标准。现就其他几种抛光方法作一些简要的比较，见表5-1。

表5-1　几种抛光方法的简要比较

抛光类型	表面粗糙度值	加工效率	加工成本
手工抛光	*Ra*100μm 左右	效率较低	从 *Ra* 0.8μm 到镜面成本为 0.5 元/cm² 左右
超声抛光	1～0.1μm 以下	加工效率为手工抛光的10倍以上	从 *Ra* 0.6μm 到镜面成本不到 0.1 元/cm²
混粉电火花大面积抛光	0.1μm 以下	加工效率为手工抛光的10倍以上	从 *Ra* 0.6μm 到镜面成本为 0.1 元/cm² 左右
电子束抛光	0.01μm 以下	加工效率为手工抛光的50～100倍以上	加工到镜面的成本小于 0.05 元/cm²
超声电火花复合抛光	0.08～0.16μm	加工效率为手工抛光的40倍以上	成本为 0.08 元/cm² 左右

（续）

抛光类型	表面粗糙度值	加工效率	加工成本
电解电火花复合抛光	0.08μm 以下	加工效率为手工抛光的 10 倍以上	成本低于手工抛光
超声电解复合抛光	0.5 ~ 0.05μm	加工效率为手工抛光的 30 ~ 40 倍	从 *Ra* 0.6μm 到镜面成本不到 0.1 元/cm^2
脉冲电化学抛光	0.44μm 左右	加工效率比手工抛光高数倍	成本低于手工抛光

5.2 模具的表面强化技术

表面强化技术可以提高模具的质量和使用寿命，具有广泛的功能性、良好的环保性以及巨大的增效性等优势，对改善模具的综合性能、充分发挥传统模具的性能潜力具有十分重要的意义。目前，随着表面强化技术的不断发展和完善，在原有的常规表面强化技术如表面淬火、化学热处理等的基础上，一大批实用、有效的表面强化技术相继得以开发和利用，促进了模具加工技术的发展。现就几种典型的表面强化技术作简要的介绍。

5.2.1 热喷涂技术

热喷涂技术是利用热源将喷涂材料加热至熔融状态，通过气流吹动使其雾化并高速喷射到零件表面，并在零件表面形成喷涂层的表面加工技术。目前，热喷涂技术在模具行业中主要的应用有火焰喷涂和等离子喷涂等。由于热喷涂层具有耐磨、耐蚀、抗咬合等性能，因此特别适用于大型模具的表面强化以及严重磨损条件下的模具修复。

等离子喷涂技术是最常用的热喷涂技术之一，它是以氮、氟等惰性气体作为工作介质，在专用的喷枪内发生电离以形成热等离子，再将进入该等离子弧区的粉末状涂层材料熔融、雾化，并高速喷送到被涂工件表面以形成涂层。由于整个工艺集熔化、雾化、快淬、固结等过程为一体，且所获组织致密，结合牢固，因此在涂层技术中占主导地位。但等离子喷涂也存在缺点，如需要高纯气体、成本较高等。目前，除常压下气稳式喷涂工艺外，又发展出优点更为突出的低压等离子喷涂及液稳式喷涂工艺，并正逐步推广使用。

火焰喷涂技术与等离子喷涂技术相比，成本较为低廉，且操作简便，但结合的强度和密度相对较弱。近年来，通过对此项技术的发展和完善，目前已开发出性能更为优良的超音速火焰喷涂技术，并投入了实际应用。如采用超音速喷涂硬质合金工艺可使 Cr12 不锈钢拉深模的修模频率从原来的 500 件 1 次提高到 7000 件 1 次，寿命提高了 3 ~ 8 倍，获得了十分可观的经济效益。

5.2.2 气相沉积技术

气相沉积技术是一种利用气态物质发生的某些物理、化学过程，在基体表面形成具有某些特殊性能的金属或化合物涂层的技术。根据涂层形成的机理不同，气相沉积可分为化学气相沉积、物理气相沉积和等离子体化学气相沉积三大类。它们的共同特点是将具有特殊性能的稳定化合物如 TiC、TiN、TiCN、SiN 等直接沉积于金属工件表面，形成一层超硬覆盖膜，从而使工件具有高硬度、高耐磨性、高抗蚀性等一系列优异性能。

1. 化学气相沉积（CVD）

化学气相沉积是在高温条件下（800℃以上），混合气体在模具表面发生化学反应，并在模具表面生成一层薄的固相沉积物层。化学气相沉积法沉积温度高，涂层结合牢固，而且对形状复杂或带有沟槽及孔的工件可进行均匀涂覆。若加入 TiC 等化合物，涂层硬度会相当高（可达 3000HV），而且耐磨性极好，具有很好的减摩性和抗咬合性，可大大提高模具的使用寿命。

常用模具若采用化学气相沉积法涂覆后会改善模具的使用寿命，其影响见表 5-2。但是，由于化学气相沉积法的温度较高，基体硬度会随之降低，同时处理后还需进行淬火处理，会产生较大变形，因此不适用于高精度的模具处理。

表 5-2　模具采用化学气相沉积法涂覆后对使用寿命的影响

模具种类	模具零件材料	涂层种类	寿命提高倍数
切边模	W6Mo5Cr4V2	TiN + TiC	8
弯曲工具	Cr12	TiN	8
弯曲模	Cr12MoV	TiC	8
深冲模	Cr12	TiC	10
冲模	Cr12MoV	TiC + TiN	8

2. 物理气相沉积（PVD）

物理气相沉积是利用热蒸发、溅射或辉光放电、弧光放电等物理过程，在基材表面沉积所需涂层的技术，主要包括真空蒸镀、离子镀、溅射镀膜三种基本技术。

目前，在模具的表面强化技术方面，阴极溅射法和离子镀方法应用较多。由于物理气相沉积法克服了化学气相沉积法沉积温度高、废气中含 HCl 等缺点，具有沉积温度低（通常小于 550℃），沉积层成分可以控制，工件几乎无变形及无公害等优点，因此适用于冷作模具，尤其是精度要求很高的冷作模具。但是，物理气相沉积法也存在着自身的缺点，如绕镀性比较差，不适合对有小孔、凹槽等复杂形状的模具进行处理；而且物理气相沉积的设备成本较高，膜基结合强度比化学气相沉积法的差。

第6章　模具材料的激光束表面改性技术

【本章应知】

了解激光的特性及原理；了解激光表面改性的特点。

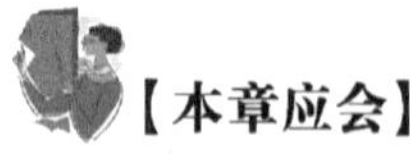【本章应会】

掌握模具材料的激光束表面强化技术；

掌握激光相变硬化工艺。

激光是一种新颖光源。激光束表面改性，是20世纪70年代发展起来的材料加工高新技术。它利用激光高亮度（高功率密度）、高方向性，单色性和相干性好等普通光源所没有的一系列特性，作用于金属材料表面，使材料表面的组织发生改变，或形成新的合金层，使金属表面的性能得到提高，特别是材料的表面硬度、强度、耐磨性、高温抗氧化性和耐蚀性得到明显改善，大大提高了产品的使用寿命。

激光表面改性作为一种新型、先进的表面强化技术，以其高效、实用、环保等优势正逐步成为提高模具性能和使用寿命的重要途径之一，应用前景十分广阔。

6.1　概述

6.1.1　激光及其特性

激光（Laser）一词的英文表述为"Light Amplification by Stimulated Emission of Radiation"，其含义是"由受激发射的光放大产生的辐射"。它是由具有亚稳态能级结构的物质（激光介质），在激光器的谐振腔内受外界能量（光或电）的激发，产生受激辐射，经放大并输出方向性、相干性很好、亮度很高的光。普通光源中的发光过程主要是自发辐射，而激光介质中产生的激光则是受激辐射。

1. 激光器与激光强化加工系统

光与物质相互作用的规律是构成激光器的理论基础，主要包括普朗克关于黑体辐射的定律和玻耳兹曼关于热平衡下粒子按能级分布的统计规律。在此基础上，构建了受激辐射和光学谐振腔的光学反馈理论，研发成功了激光器。

在激光与材料的相互作用过程中，常用的激光光源有三大类，分别是 CO_2 激光、准分子激光与钕-钇铝石榴石（Nd-YAG）激光。前两类为气体激光，后一类为固体激光。这三类激光的特征见表6-1。

表 6-1 三种激光光源的基本特征

激光类型	波长/μm	能量范围/W	激活介质	工作方式	表面改性应用
CO_2 激光	10.6	$1 \sim 10^5$	CO_2	连续/脉冲	相变硬化，熔覆，合金化
准分子激光	0.193 ~ 0.351	$1 \sim 10^2$	如 XeF	脉冲	物理或化学气相沉积
Nd-YAG 激光	1.06	$1 \sim 10^3$	YAG：Nd^{3+}	脉冲/连续	非晶化，冲击硬化

CO_2 激光器以 CO_2 为激活介质，发射的是中红外波段激光，波长为 10.6μm；一般为连续波，但也可以脉冲方式工作。其特点是：输出功率大、光转换效率高（一般为 15% ~ 20%）；能在工业环境下长时间连续稳定工作；易于控制，有利于自动化。

CO_2 激光器中的气体除 CO_2 外，还混有 He 和 N_2（三者之体积比约为 1:1.5:6）。He 具有较大的导热性，有助于气体的冷却。激励时 N_2 首先被放电电子冲击，由基态激发到第一激发能级，然后将能量传给 CO_2 分子，使 CO_2 分子激发形成粒子数反转，在受激辐射下产生波长为 10.6μm 的激光。

CO_2 激光器可分为封闭式、轴向流动式和横向流动式三类。封闭式激光器较为简单，但其输出功率较小，一般不超过 500W。轴向流动式激光器的激光管内混合气体沿轴向流动而不断更换，可控制其成分和加速冷却，故输出功率的稳定性较好，且放电方向与高速气流方向平行，整体装置较为紧凑。横向流动式激光器的放电方向和气流方向与光轴互相垂直，工作气体在激光腔中停留时间短，不致被放电电流加热至临界温度，而且气体密度（气压）较高，气流流通截面和流速大，散热功率大，故可以增加激励电能和允许注入高的电功率密度，在紧凑的结构中产生大的辐射功率。目前千瓦级以上的激光器多采用横向流动式结构。但此种激光器由于工作气体中含有大量的氦气，故运行费用较高。近年来，国内外都在研究少氦或无氦的横流器件，已取得一定的成果。

CO_2激光器是目前连续输出功率最大的激光器，比较实用的 2.5 ~ 5kW、15 ~ 20kW 的激光器已经实现商品化，功率更大的激光器正在研发中。目前工业上用于材料表面加工的激光器多数是 CO_2激光器。

钕-钇铝石榴石（Nd-YAG）激光器属于固体激光器，激活介质是在钇-铝石榴石（$Y_3Al_5O_{12}$）晶体中掺入质量分数为 1.5% 左右的钕制成，其主要特点是波长较短（1.06μm），接近红外光，作用于金属材料时其吸收率大。因此，加工同样的工件时，其所需的平均功率比 CO_2激光器要小。Nd-YAG 激光器输出的方式可以是连续的，也可以是脉冲的，但是连续输出的功率较小，仅 1kW 左右，且光电转换效率低。近年来，Nd-YAG 激光器的发展已取得较大进步，最大输出功率已可达 1.8kW 以上，在激光切割、打孔、打标、雕刻等加工中已有较多的应用，对微细加工有其独特的优越性。

准分子激光器的单光子能量很高，可达 4 ~ 7.9eV（CO_2激光器的为 0.117 eV，Nd-YAG 激光器的为 1.17eV），比大部分分子的化学键能高，因此能深入材料表面内部进行加工。CO_2激光和 Nd-YAG 激光的红外能量是通过热传递方式耦合进入材料内部的，而准分子激光不同。由于其波长短，易于聚焦，有良好的空间分辨力，可使工件表面区域材料的化学键发生变化，而且大多数材料对它的吸收率高，所以可用于半导体加工，金属、陶瓷、玻璃和钻石等材料的高清晰度无损标记，以及光刻加工等，在材料的固态相变、重熔、合金化、熔覆、化学气相沉积、物理气相沉积等方面也有应用前景。

目前，工业上常用的激光器主要是CO_2激光器和Nd-YAG激光器。

激光表面改性的设备主要由激光器、光学系统、工件工作台、数控系统、软件编程系统和操作台等单元组成。图6-1所示为一个具有多轴联动的激光强化加工系统的组成，包括三部分：第一部分为CO_2激光器系统，由激光头、激励电源、冷却系统和谐振腔参数变换装置组成；第二部分为光束变换装置，把激光束按加工要求引导到待处理零件表面，同时对激光束进行空间强度分布的变换，以满足对模具表面不同工作部位进行有效的强化处理，光束经变换后即可在模具表面产生所需的强化单元，通过多轴联动的数控系统即可对模具的二维曲面进行可控、快速和有效的强化处理；第三部分为计算机数控系统，控制激光工作头和数控工作台等多轴运动，其激光束相对于工件的运动轨迹决定了强化带的形状，以实现复杂模具表面的激光强化处理。

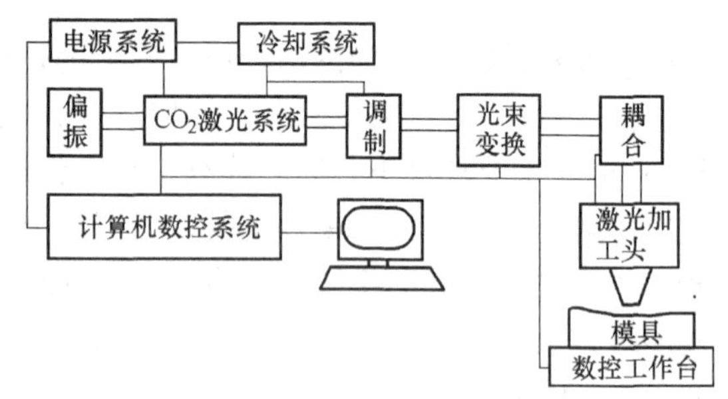

图6-1　激光强化加工系统的组成

2. 激光的特性

激光是一种光波，除了具有普通光源的一般特性外，作为一种非稳态的相干光，激光还具有其自身独有的特性——高单色性、高方向性、高相干性、高亮度性等综合性能。

（1）高单色性　不同特性的光其波长不同，激光的波长及频率范围很窄，具有很好的单色性。与普通光源相比，激光的谱线宽度要小4～7个数量级。例如，单色性最好的普通光源——氪灯的单色性$\Delta\lambda/\lambda$是10^{-6}数量级，而稳频激光器的输出单色性$\Delta\lambda/\lambda$则达$10^{-13}\sim10^{-10}$数量级。因此，激光无色散效应，不存在色差，聚焦性好，能得到高的功率密度，而且单色光传播过程中平行性好，有利于传输到较远的距离。

（2）高方向性　由于受激发射和光学谐振腔对振荡光束方向的限制作用，激光束的光波发散度小，有良好的方向性，可高度、准直地远距离传输而不显著扩束，故可认为是一束平行光。但是，各种不同类型和结构的激光器所发射激光的方向性不同。通常，气体激光器的方向性最好，发散角可以到10^{-3}rad数量级；固体激光器的方向性较差，但也可达10^{-2}rad数量级。

（3）高相干性　光波的相干性决定于光波场的空间方向分布（发散角）和频谱分布特性（单色性），而激光的发散角和谱线宽度都很小，故有很好的相干性，即相干面积和相干长度都很大。例如，与相干性最好的普通光源（氪灯）的相干长度（800mm）相比，红宝石激光的相干长度为其10倍，而氦-氖激光的相干长度则是其10^8倍以上。

（4）高亮度性　激光器发射出的光束非常强，并可以通过聚焦使其集中到一个极其小的范围内，获得很高的能量密度或功率密度，以致产生几千至几万度的局部高温。功率密度（P_0）是激光加热的一个重要工艺参数，它在数值上等于激光器输出功率（P）与工件表面激光斑点面积之比值，即$P_0=4P/(\pi d^2)$。由于激光的发散角很小，一般为10^{-2}rad。10^{-3}rad，聚焦后最小的光斑直径（d）仅为10^{-5}cm，功率密度可达$10^6\sim10^9$W/cm^2，与电子束加热的功率密度相当。选择聚焦透镜的焦距和调节工件表面离透镜焦点的位置，可调节功率密度的大小。

激光的上述特殊性能是相互关联的。虽然在金属表面改性时对其单色性要求并不高，但只有单色性好的光在它的传播过程中才能保持平行，从而避免光能的扩散。

激光的这些可贵特性，尤其是高方向性、高亮度性、高单色性，使它可以聚焦产生能长距离传输和可控制的巨大的功率密度，从而有可能对几乎所有的材料进行加工和处理。

6.1.2 激光与金属表面的作用

进行激光表面改性处理时，辐射到材料表面的激光，部分被材料表面层吸收，转变为热能，使材料表层受热升温，发生固态相变或熔化，然后冷却，在此过程中材料实现改性。

为了对表面改性过程加以有效的控制，必须了解激光加热金属的特点和激光与材料表面作用的规律。

1. 激光加热金属的过程

激光束从激光器发射出来，经过传输与聚焦，辐照到材料表面后，一部分被反射，一部分进入材料内部。对于激光表面改性处理来说，只有被吸收的那部分激光才是有效的能量。入射到金属晶体中的激光光子将与金属中的自由电子发生非弹性碰撞，光子被金属导带电子吸收。吸收了光子的电子跃迁到高能级状态，并将其吸收的能量转化为晶格的热振荡，使金属表层的温度迅速升高。由于光子穿透金属的能力极低，故大多数金属吸收光的深度都只在0.1μm以下的浅层内，所以激光对金属的加热，可以看做是表面加热。

由于导带电子平均的自由时间很短，通常仅10^{-3}s左右，故激光与材料表面的作用，即热交换和热平衡过程的建立是异常迅速的，可在10^{-11}～10^{-10}s内瞬间完成。从理论上讲，激光辐照到金属表面时，金属表面层可在微秒级（10^{-6}s），甚至更短的时间内就能达到所预期的加热温度；而热能向基材内部的传输时间，则取决于激光处理时激光束辐照时间的长短，并遵循一般的热传导规律，但此传输时间也极短，约为10^{-3}～1s。

2. 金属对激光的吸收

激光对金属的加热效率主要取决于金属对激光的吸收。由于光子的能量主要是被金属导带电子所吸收，故金属对激光的吸收率主要受激光波长、材料性质、温度和表面状态的影响。

（1）激光波长的影响　其总的趋势是：波长越短，金属的反射率就越低，吸收率也就越高。表6-2列出了一些金属对激光的吸收率与辐射激光波长的关系。从表中数据可以看出，很多常用金属对激光的吸收率都很低。尤其值得关注的是，钢铁对红外波长的激光吸收率也很低，因此模具在激光加工前常需进行黑化预处理。经过适当的黑化处理，钢件对激光的吸收率可大幅度提高，达到90%以上。

表6-2　某些金属的吸收率与辐射激光波长的关系

波长/μm	工作介质	吸收率（%）							
		Al	Cr	Cu	Fe	Mo	Ni	Ti	W
0.4880	Ar^+	0.09		0.56	0.68	0.48	0.68	0.48	0.55
0.6943	红宝石	0.11	0.45	0.17	0.64	0.48	0.32	0.45	0.50
1.06	Nd-YAG	0.08	0.43	0.10	—	0.40	0.26	0.42	0.41
10.6	CO_2	0.019	0.07	0.015	0.035	0.027	0.03	0.08	0.026

从表6-2可看出，对于一定波长的激光，不同材料对其吸收率可以有很大的差异。金属的吸收率与其导电性有关，尤其是在 $\lambda > 2\mu m$ 的红外区域，光子的能量较低，只能与金属中的自由电子耦合，因而导电性好的金属的反射率高而吸收率低。金属的吸收率 A 与其直流电阻率 ρ 和激光波长 λ 有如下关系

$$A = 0.365(\rho/\lambda)^{1/2}$$

（2）温度的影响　温度对吸收率的影响在不同的光波段内有不同的趋势。对于 $\lambda < 1\mu m$ 的短波激光，温度变化对吸收率的影响不大；在可见光区，一般吸收率随温度的增高而略微降低；对于波长为 $10.6\mu m$ 的激光，则吸收率随温度的升高而增大。这从上式也可看出，因为电阻率随温度的升高而增大，故吸收率亦随温度的升高而呈上升趋势。

（3）材料表面状态的影响　材料的表面状态，包括表面粗糙度、氧化和一些外部污染物以及人为涂覆表面涂层等，对材料的吸收率都有显著影响。总的来说，光亮清洁的金属表面对激光的吸收率低，而粗糙的表面对激光的吸收率高。因此，为提高工件对激光的吸收率，在激光处理前，必须对工作表面进行黑化处理，如磷化和涂覆红外能量吸收材料（如胶体石墨、含炭黑和硅酸钠或硅酸钾的涂料等）。表6-3列出了一些涂覆材料的吸收率及硬化层厚度。

表6-3　某些涂覆材料的吸收率及硬化层厚度

涂覆材料	吸收率（%）	硬化层厚度/mm
磷酸盐	>0.90	0.25
氧化锆	0.90	—
氧化钛	0.89	0.20
炭黑	0.79	0.17
石墨	0.63	0.15

注：试验材料为45钢；激光功率150W；扫描速度10mm/s。

6.1.3　激光表面改性的种类和特点

1. 激光表面改性的分类

根据激光与材料表面作用时能量密度的不同以及作用时间、作用方式等的差异，激光表面改性技术可分为激光相变硬化、激光表面合金化、激光表面熔覆、激光非晶化和激光表面冲击等几类。表6-4列出了各种激光表面改性技术对相关工艺参数的要求。

表6-4　各种激光表面改性技术对工艺参数的要求

工艺方法	功率密度/（W/cm^2）	冷却速度/（℃/s）	作用区深度/mm
激光相变硬化	$10^3 \sim 10^5$	$10^4 \sim 10^6$	0.2～1
激光表面熔覆	$10^4 \sim 10^6$	$10^4 \sim 10^6$	0.2～2
激光表面合金化	$10^4 \sim 10^6$	$10^4 \sim 10^6$	0.2～2
激光非晶化	$10^6 \sim 10^{10}$	$10^6 \sim 10^{10}$	0.01～0.10
激光表面冲击	$10^9 \sim 10^{12}$	$10^4 \sim 10^6$	0.02～0.2

2. 激光表面改性的特点

激光是一种均匀的、接近单色的电磁辐射光束，具有高能量密度及良好的相干性，它易于被透明材料表面所吸收。作为一种新型热源，与传统热源相比，激光表面改性具有如下独特的优点：

1）功率密度大（理论上可达10^{12}W/cm^2），加热速度快（10^5 ~ 10^9℃/s），可实现局部加热和随后的局部急冷（大于10^4℃/s），以获得特殊的表面组织结构与性能。

2）由于是浅层表面加热，工件处理后的热变形小。

3）激光束不受外界环境的影响，可在大气、真空及各种气氛中进行传输，加工不受外磁场的干扰。

4）能精确控制加工条件，便于实现在线加工，适合自动化生产。

利用高功率激光进行表面处理的好处是，可以节约价格昂贵的合金元素，形成非平衡相或非晶态，使晶粒细化，改善微观结构的均匀性，提高合金元素的固溶度和改善铸态组织的成分偏析。激光表面合金化比普通电弧表面硬化和等离子喷涂有其技术优势。在电弧表面硬化和等离子喷涂中，辐射能量分散，因而不能通过空间进行远距离传输。与激光能量的高度集中相比，它们的热能分布要分散得多，其功率密度低，不过等离子喷涂的功率密度可接近激光水平。这两种技术采用的不是均匀加热和冷却，在急冷过程中有热冲击，易造成工件变形开裂，随后往往需要校直或打磨加工。激光表面合金化的主要优点是：能准确地控制功率密度和控制加热深度，从而减少变形；能使难以接近的或局部的区域合金化；在快速处理中能有效地利用能量；利用激光的深聚焦，在不规则的零件上可得到均匀的合金化深度。因此，在许多应用场合，用激光表面合金化替代常规的热喷涂技术，对获得所需表面性能是一种明智的选择。但是，热喷涂也有其自身的优势，如火焰喷涂（焊）与激光相比，其在经济上、实用性上及运用灵活性方面均具有明显的优越性；另外，在制备均匀的大面积涂层上，火焰喷涂（焊）的效果通常优于激光表面熔覆，故对于普通工程零部件，应力求采用火焰喷涂（焊）处理。

有时，激光比离子束、电子束等其他定向能源更为有利。虽然在电子工业中，向半导体内掺杂P、Sb、Bi、B等元素时，离子注入已是无可争辩的首选方法，但目前其在制造业中延长金属疲劳和磨损寿命的应用仍然有限。材料的电子束处理和激光处理的作用相同，但前者需要高真空。

激光表面技术的另一些不足之处是：对反射率高的材料要进行防反射处理；能量转换效率低；相关设备价格较昂贵。因此，在应用模具激光表面改性技术时，要有针对性，要选择适当的模具和工艺，充分利用其优点，使之成为高效率的、有经济效益的工艺方法。

6.2 激光相变硬化

激光相变硬化是使工件经受激光辐照，致使其表层被迅速加热至奥氏体化温度以上，并在激光停止辐照时快速自淬得到马氏体组织，以实现表面强化的一种工艺方法。激光相变硬化也称为激光表面淬火，适用的材料包括灰铸铁、球墨铸铁、碳钢、合金工模具钢和马氏体不锈钢等。

模具的激光相变硬化处理，相对于模具常规的强化工艺有许多独特的优点，如可获得极细的马氏体组织，有利于表层压应力的形成，热处理变形小，具有对淬透性依赖性小的材料优势，便于模具的局部强化和对大型模具的强化处理等，这为提升模具制造技术水平搭建了新的平台。

6.2.1 激光相变硬化机理

激光相变硬化是使材料接受激光辐照而将其表面层快速加热至相变点以上，然后急剧冷却，而使工件表面强化的工艺方法。由于加热速度极快（可达 $10^5 \sim 10^6$℃/s），加热时间极短，表面薄层以下及未被辐照的部位仍保持冷态，在激光束移开后，被加热表层的热量迅速向四周的冷态金属传递，而使表层受到急冷，实现自冷淬火。对钢铁材料来说，激光相变硬化机理属于马氏体相变强化。由于加热速度极快和加热后急冷，金属的相变及强化机理都有其特点。

1. 在激光作用下钢的相变特点

由于激光加热以极快的速度进行，这将对钢相变的临界温度产生一定的影响，使 Ac_1、Ac_3点上升，Ac_{cm}点也向高温区移动。并且在激光快速加热时，珠光体向奥氏体转变是在一个温度范围内进行的，当加热至 Fe-Fe_3C 相图 EF 线温度时，会在渗碳体和奥氏体的接触边界处发生微区熔化（局部共晶转变）。

从热处理角度来看，激光加热这种快速加热相变具有如下特点：

1）加热速度快，Ac_1 高（达 800℃），因而钢件过热度大，相变在高温区内可短时间完成。

2）加热区的温度梯度大，激光束停留时间短，奥氏体成分（碳及合金元素的含量）很不均匀。

3）在激光快速加热条件下，奥氏体临界晶核尺寸小，形核率极高，可获得超细晶粒。例如，有报道用 2kW 的 CO_2激光加热 GCr15 钢，可得到 18 级晶粒度的超细晶粒。

4）由于加热速度极高，钢中的铁素体相 α 在临界温度（约 900℃）可发生马氏体型转变的逆转变，以切变方式瞬间形成与其成分相同的奥氏体相，即遵循非扩散型转变的规律发生相变。

5）自冷淬火的冷却速度极快，可达 10^4℃/s 以上，即使对传统工艺不易淬硬的低碳钢，也易于通过激光淬火获得马氏体组织。

2. 强化机理

激光相变硬化可大幅度提高钢的力学性能。关于激光相变硬化获得超高硬度的机理，一般认为在于其马氏体相变的特殊性与附加的其他强化因素的综合作用。从总体上讲，激光相变硬化的本质是马氏体相变硬化，它的硬化效应约占总体的 60% 以上，起决定性作用。激光相变硬化中的马氏体相变的特殊性在于：这种马氏体是片状马氏体和板条状马氏体的混合组织；马氏体晶粒细化和亚结构细化；位错密度比常规加热淬火的更高；马氏体的高含碳量及固溶合金的静畸变强化。其附加强化因素主要包括位错强化、细晶强化和固溶强化等，特别是残余奥氏体已通过位错强化和固溶强化机制在一定程度上被强化，与常规淬火得到的残余奥氏体不同，这对总的强化效果也有一定的贡献。

对于激光相变硬化形成的各种组成相可作进一步的分析。对于主要组成相马氏体，由于激光束对金属表面的快速加热作用，使其作用区具有晶粒超细化的特征（造成马氏体组织超细化），并且碳含量分布极不均匀（造成板条马氏体和片状马氏体混合共存）和随后冷却时的超快速冷却（使淬透性差的钢也容易获得马氏体组织）。而相变中残存的残余奥氏体，其分布较为均匀和分散，以尺寸不等的“月晕状”被马氏体晶体所分割，有一部分以薄膜盘状包围着未溶碳化物。这些奥氏体已经被强化，因而激光相变硬化组织的整体力学性能得以提高。至于未溶碳化物，经相变硬化处理后，其颗粒明显细化，尺寸可以减小50%左右，且奥氏体中碳分布极不均匀，这些因素都直接影响硬化效果。

6.2.2 激光相变硬化的工艺

1. 主要工艺参数

激光相变硬化处理最重要的是控制工件的表面温度和淬硬层深度，且在保证获得一定淬硬层深度的前提下有较高的光斑扫描速度，以提高生产率。实际操作中主要控制激光功率、光斑尺寸、扫描速度等工艺参数。为了避免金属表面发生熔化，功率密度一般小于10^4W/cm^2，通常宜采用1000～6000W/cm^2。

在选择工艺参数之前，需首先选定激光束的模式和扫描方式。通常，激光相变硬化处理以选用输出多模光束的激光器为宜。激光束的扫描则由光束摆动和工件运动组合而成，具体采用何种扫描方式，需根据工件硬化的要求而定。

2. 确定工艺参数的步骤

通常，可通过工艺条件分析和试验，以确定激光相变硬化的工艺参数。其步骤大致如下：

1）根据待处理工件的技术条件和性能要求，决定硬化层深度、硬化带宽度和硬度。

2）合理选定激光束的模式和扫描方式。

3）通过试验优化工艺参数组合。由于激光相变硬化的三个主要工艺参数可互相影响和互相补偿，故应通过试验求出其最佳组合。为减少试验次数，可应用正交试验法。

4）采用优选出的工艺参数进行中间试验，以考察其实际应用效果。在安排中间试验时，要尽量接近实际的生产条件，并考虑预处理、保护气氛等因素的影响，最后确定所用工艺参数。

3. 工艺参数的选择

激光相变硬化的工艺参数主要有激光器输出功率P，光斑直径d以及扫描速度v。实验表明，上述工艺参数对硬化层的硬度和深度，以及材料的耐磨性都有很大影响。激光相变硬化后其硬化层深度是一个非常重要的指标。一般情况下，当光斑直径确定后，硬化层深度与激光功率成正比，而与扫描速度成反比。

在研究激光相变硬化工艺参数对硬化层深度及硬度影响的敏感性实验时，以满足激光输入能量相等为原则，按下述方法调整参数。取一组初始参数：$P_0=800$W，$v_0=25$mm/s，并设激光输入能量的变化率分别为$m=1.2$，$m=1.4$，$m=1.6$和$m=1.8$。若扫描速度不变，则对应的激光功率分别为$P=960$W，$P=1120$W，$P=1280$W，$P=1440$W；若激光功率不变，则对应的扫描速度分别为：$v=20.833$mm/s，$v=17.857$mm/s，$v=15.625$mm/s，$v=13.889$mm/s。试样材料为退火态45钢，尺寸为40mm×25mm×20mm；表面经磷化处理；采用多模2kW CO_2激光器，经光束处理后在试样表面获得尺寸为5mm×5mm的矩形光斑，功率密度近似均匀分布；采用HX-1000显微硬度计测量硬化带表面硬度和层深。

表6-5所列为45钢在一定的扫描速度下，激光功率与硬化层深度的关系；表6-6所列

为该材料在相同激光功率下，扫描速度与硬化层深度的关系。分析表 6-5 和表 6-6 的数据可知，激光功率和扫描速度的变化均对硬化层深度产生明显的影响，在激光输入能量变化量相等的前提下，改变激光功率比改变扫描速度对硬化层深度的影响更大；或者说，硬化层深度对激光功率的变化更为敏感。

不同的激光强化处理工艺参数同样影响材料处理后的表面层硬度。表 6-7 所列为 45 钢在扫描速度为 25mm/s 时，表面硬度与激光功率之间的关系；表 6-8 所列为该钢在激光功率为 800W 时，表面硬度与扫描速度之间的关系。从结果来看，激光功率和扫描速度的变化均会对表面硬度产生一定的影响，但影响程度并不大。这说明表面硬度主要取决于材料本身的含碳量和原始状态，而对单项激光工艺参数的变化并不十分敏感。随着激光功率的提高或扫描速度的降低，表面硬度均呈下降趋势。相对而言，改变扫描速度对表面硬度的影响更大，说明表面硬度对扫描速度变化的敏感性略大一些。

表 6-5　激光功率对硬化层深度的影响（$v=25$mm/s）

激光功率 P/W	800	960	1120	1280	1440
硬化层深度 z/mm	0.11	0.26	0.39	0.48	0.54

表 6-6　扫描速度对硬化层深度的影响（$P=800$W）

扫描速度 v/(mm/s)	25	20.833	17.857	15.625	13.889
硬化层深度 z/mm	0.11	0.20	0.27	0.33	0.37

表 6-7　激光功率对表面硬度的影响（$v=25$mm/s）

激光功率 P/W	800	960	1120	1280	1440
表面硬度（$HV_{0.2}$）	930	913	821	817	817

表 6-8　扫描速度对表面硬度的影响（$P=800$W）

扫描速度 v/(mm/s)	25	20.833	17.857	15.625	13.889
表面硬度（$HV_{0.2}$）	930	828	756	729	717

许多研究与上述试验结果是相一致的。总的来说，提高激光功率可显著增加硬化层深度，而加快扫描速度则有利于获得较高的表面硬度，还可防止表面烧熔。因此，采用高功率、快速扫描是一种既能获得较大硬化层深度，又有利于得到较高表面硬度的工艺选择，可加强硬化效应。

6.2.3　激光相变硬化层的性能

激光相变硬化处理对钢铁材料性能改善最显著的是硬度和耐磨性。许多研究结果表明，激光相变硬化处理后硬化层的硬度比常规淬火要高 15% ~20%，同时耐磨性也有显著的提高。图 6-2 所示为激光相变硬化和常规淬火后钢的表层硬度与含碳百分比的关系曲线。从图 6-2 中可以看出，无论是低碳钢、中碳钢、高碳钢，激光相变硬化的硬度均比常规淬火高，而且含碳量越高，提高的幅度越大。以工程上最常用的 40Cr 钢为例，经激光相变硬化处理后，40Cr 钢的表面硬度高达 65 ~68HRC，而常规淬火为 50 ~53HRC。

激光相变硬化的一个显著的特点是表面淬火层的高硬度和硬化层到基体的急剧过渡（如图6-3所示）造成硬化层与基体之间硬度值的突降，过渡区狭窄乃至消失，其硬度落差高达400～600HV。

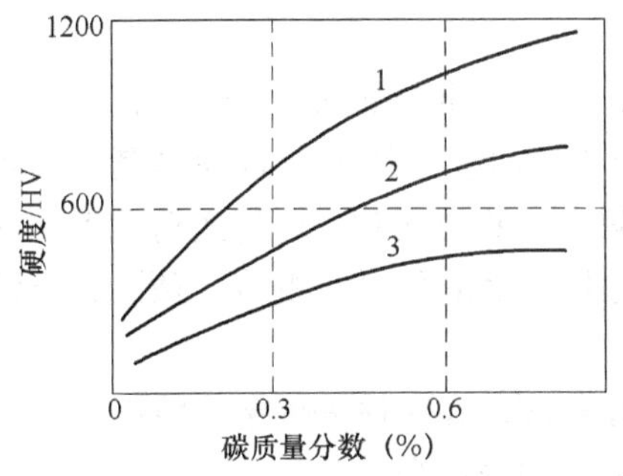

图6-2　钢的硬度与含碳量的关系
1—激光相变硬化　2—常规淬火　3—非淬火态

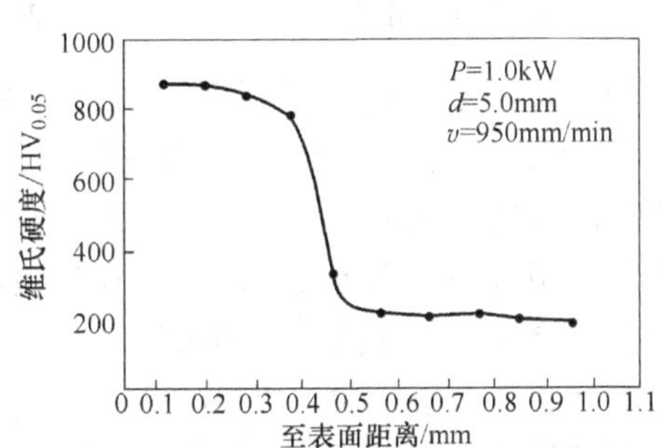

图6-3　40Cr钢激光相变硬化处理后的硬度曲线

为了给模具激光相变硬化的工业应用提供参考，设计并进行了模具及模具材料表面的激光相变硬化试验。试验中，共加工了三个试件，第一个、第二个试件为立方体，材料为45钢，尺寸为36mm×36mm×19mm；第三个试件是一个冲孔落料凸凹模，材料9SiCr钢，工作端面外径为ϕ63mm，壁厚为10mm，端面内侧圆角R2mm。目标硬化区为1号、2号试件上表面（预加工至Ra0.8μm）前侧居中20mm×10mm的区域和3号试件的上表面部分区域，以侧壁模拟模具刃口部位。扫描前对加工区域做表面涂覆处理，以提高金属表面对激光束的吸收率。对于1号试件，按照经验选择$P=600$W，按照从内到外的顺序（以避免在瞬时高温下对刃口部分退火），先后扫描了五道，第一道、第二道选择$v=800$mm/min，其余均为$v=700$mm/min。对于2号试件，使用由计算机模拟得到的指导参数，选择$P=400$W，用“s”形路线扫描了四道，第一道选择$v=600$mm/min，其余均为$v=500$mm/min。对于3号试件，采用直线轨迹强化，选择$P=500$W，先后扫描了五道，第一道、第五道选择$v=600$mm/min，其余均为$v=500$mm/min。

强化前、后表面残余应力和硬度的分析表明：激光强化后，纵向出现了均匀明显的残余压应力（其值大于200MPa）。该残余压应力在试件的一定深度内有效，而且可以保证在一次修模后继续有效。这对于抵消拉伸过程中产生的拉应力、改善刃口部位的受力状况、延长模具使用寿命，均会起到积极的作用。

强化前，1号和2号试件待强化表面平均硬度为38HRC和41HRC，3号试件待强化表面平均硬度为36HRC。强化后，1号和2号试件表面强化区和回火区平均硬度为57.5HRC和52HRC，3号试件强化表面平均硬度为59HRC。这个结果与实际生产中的应用结果也基本相符。另外，考虑到模具刃口部位的失效形式一般为磨损，所以刃口部位硬度的提高将进一步改善该部位的耐磨性能，可有效延长模具的使用寿命，这在实际中有一定的应用价值。

6.3 激光表面合金化

6.3.1 激光表面合金化的技术特点

激光表面合金化，是利用激光束把基体表面层熔化，在此同时加入合金元素（粉末状），以基体为溶剂，合金元素为溶质，形成适当合金的表面改性技术。向基体表面加入合金粉末的方法有共沉积法和预沉积法。共沉积法是在激光辐照的同时，通过送粉设备送入合金粉末。预沉积法则需要在基体上预先涂覆一层合金涂层，然后用激光重熔。预涂的方法主要有粉末涂刷、热喷涂、气相沉积等。

激光表面合金化的主要目的是：①利用快速加热和急冷，在基体表面制备特殊的亚稳合金，赋予材料表面以所需的性能；②制备特定成分和结构的表面合金。

激光表面合金化在激光材料表面改性强化技术中具有重要的地位。就经济意义而言，可节约大量昂贵的合金资源，并可以减少对稀缺元素的使用。迄今已进行过激光合金化强化的材料有普通钢、高速钢、多种合金模具钢、不锈钢、铸铁、钛合金、铝合金等，合金化元素包括 Cr、Ni、W、V、Ti、Mn、B、Co、Mo 和 RE（稀土）等。

从技术方面看，激光表面合金化是一种快速处理工艺，具有快速熔化、在液态混合后快速凝固的特点，能有效利用能量；能进行非接触式的局部处理，易于实现不规则的零件和复杂模具的加工；基体熔化量少而合金化层稀释率低，合金体系范围宽，性能调节幅度大；能准确控制各工艺参数，实现表面合金化层深度的可控性；能合理和准确调节功率密度与加热速度，热影响区小，工件变形小；由于合金化层与基底之间可以形成纯粹的冶金结合，具有极高的结合强度；通过激光表面合金化，可以在工件表面层获得新的合金、高过饱和的非平衡相或亚稳相，同时使晶粒细化，成分偏析得到改善，获得高耐磨性、热强性或耐蚀性能的表面工作层。

6.3.2 激光表面合金化的工艺

1. 激光源的选择

激光表面合金化技术的出现和发展，是伴随着激光器的不断改进和大功率激光器的开发而一步步发展起来的。表面合金化所采用的激光，可以是 CO_2 激光、掺钕钇铝石榴石（Nd-YAG）激光、掺钕玻璃激光和掺铬氧化铝（红宝石）激光，其中以 CO_2 激光的应用最为普遍。脉冲型和连续型波都可以用，但脉冲型激光表面合金化的生产率较低，而且由于处理时，后一激光脉冲对前一激光脉冲作用的部分区域会重新加热而出现“鳞片状的宏观组织，影响其强化效果，故在实际生产上应用不广。连续型激光表面合金化的生产率高，合金化层深度均匀，对工件表面形状的选择性小，所以研究和应用较多。

2. 工艺形式

前已述及，在实施激光表面合金化工艺时，向基体表面加入合金粉末的方法有预沉积法和共沉积法两大类。

（1）预沉积法（Predeposition） 这种方法是在激光处理前，已预先把合金化材料涂覆在工件表面，然后用激光束辐照加热熔化，在表面形成新的合金化层。这种方法在一些钢铁基体表面进行合金化时常常采用，其过程如图 6-4 所示。预沉积的工艺方法很多，例如，可以采用合金粉末粘结涂覆、刷涂、气相沉积、电镀、热喷涂等方法。预沉积层的涂覆质量对激光表面合金化的处理效果有很大的影响，涂覆层应力求做到厚度均匀、孔隙少、与基体表面粘结良好。气相沉积（PVD、CVD）、等离子喷涂、电弧喷涂及电镀等方法都较容易控制沉积层的厚度，获得质量较好的预沉积层，但成本较高。最经济的方法是涂刷法，即以适当的粘结剂将合金粉末调和并用机械或人工涂刷于工件的待处理表面。涂刷法的缺点是导热性不良，故消耗的激光能量较多。同时，对粘结剂应合理选用，以免对合金化过程和合金化层的性能产生不良影响。

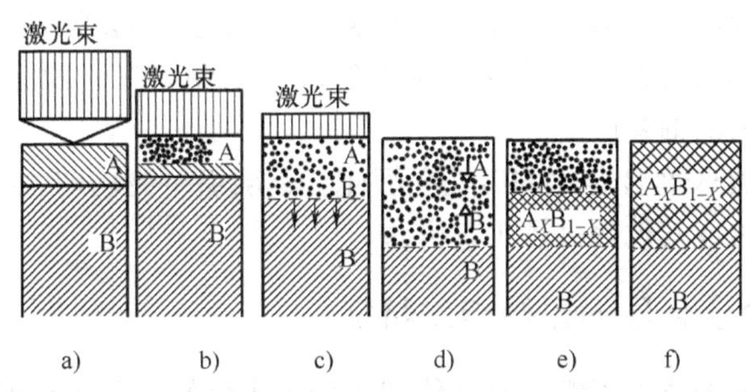

图 6-4 预沉积法激光表面合金化过程示意图

A—预沉积层 B—基体 A_XB_{1-X}—合金化层

（2）共沉积法（Codeposition） 这是一种在激光辐照工件表面形成熔池的同时，将合金材料引入熔池内而得到合金化层的工艺方法。这种工艺属于一步加工法，按合金料的状态和送料方式可分为两种：气流喷射送粉法与丝状（或片状）材料同步送入法。前者是采用气体为载体，直接将合金粉末同步送入激光熔化区。其优点是合金化层涂覆均匀，激光对基体的热作用小，所需的激光能量密度小。缺点是合金粉末的利用率低，故需要设置回收粉末的措施；此外，送粉机构较复杂，还需采取一定的措施防止粉尘对环境的污染。丝状（或片状）材料同步送入法是使丝状（或片状）合金材料以一定速度送至激光束焦点附近，使其熔化而沉积到基材表面，从而形成合金化层。

除了上述两种向基体表面加入合金材料的基本方法外，还有一种激光气体合金化的工艺方法。这实质上是在适当的气氛中，应用激光加热熔化基体材料以获得表面合金化层的方法。例如，钛、铝等金属或其合金在含氮气氛中进行渗氮合金化。这种方法的优点是利用某种适当的气体与金属进行表面反应，可形成难熔的硬质相，使金属表面强化。但是，目前该工艺方法主要用于软基材表面，如钛、铝及其合金，在模具表面强化中仍很少应用。

3. 激光表面合金化工艺参数

激光表面合金化的工艺参数涉及激光系统、基材、合金化材料和处理条件等方面的多个影响因子。

（1）激光功率 激光表面合金化的能量密度一般为 $10^4 \sim 10^6 W/cm^2$。不同材料的热导率和对激光束的反射作用不同，故对激光表面合金化的激光功率要求不同。例如对陶瓷材料，用较低的功率即可满足工艺要求，而金属材料的激光表面合金化处理所要求的激光功率就较高，通常要超过 0.5kW。同时，增大激光功率可增加熔化区的深度，加速合金溶剂与溶质的混合。应根据模具对激光表面合金化的技术要求，合理选择适当的激光功率。

（2）激光束尺寸（焦点位置） 工件表面的功率密度取决于激光束的尺寸（功率密度 =

功率/光束横断面积），而激光束尺寸受焦点位置（焦点到工件表面的距离）的制约。通过散焦或其他方法增加激光束尺寸会减少单位面积的热能输入，减小熔深并增加熔宽。因此，激光熔化区的形状也与相对于样品表面的焦点位置有关。一般采用近似于聚焦的光束。

（3）光束构型　激光束的能量分布和状态可由光束构型或模式来描述。通常多模、凹顶和矩形构型都适合于激光表面合金化。这些构型的激光可保证合金化过程具有更高的覆盖率和均匀的熔深。

（4）扫描速度　扫描速度是工艺控制中很重要的一个可调节的参数，它直接关系着激光表面合金化的熔深及熔宽，对合金元素的扩散和表面合金的微观结构有重要的影响。

（5）预涂层的成分与厚度　合金化层最终的成分主要取决于预涂层的成分，而预涂层的厚度则影响合金元素的稀释度。

（6）后处理　激光表面合金化的后处理可使合金层组织更均匀，有利于提高改性效果。后处理可采用激光重熔或其他热处理工艺方法。

6.3.3　激光表面合金化层的显微组织特征

激光表面合金化层的显微组织依其基体和合金化成分的不同而有很大的差异，但其加热和冷却的特殊性（快速加热与急剧冷却，凝固后的冷速达10^4～10^6℃/s，甚至更高），使得合金化层的组织具有一些共同的特征：合金化区域具有细密的组织，成分近于均匀；在一定的工艺条件下合金元素可以达到很大的过饱和度，或是形成一般合金化方法难以得到的化合物、亚稳相和新相。适当的合金化设计和控制一定的激光工艺参数，还可用少量的合金元素而获得具有特殊物理、力学性能和化学性能的表面合金化层。

6.3.4　激光表面合金化层的力学性能

激光表面合金化可显著提高零件和模具材料表面的硬度与耐磨性，下面是一些相关的比较数据。对于钛合金，利用激光碳硼共渗和碳硅共渗的方法，实现了钛合金表面的合金化，硬度由299～376HV提高到1430～2290HV；与硬质合金圆盘对磨时，合金化后耐磨性可提高2个数量级。对于20CrNiMo和20CrNi4Mo钢的试验表明，钢在渗碳、渗硼后经激光熔化，使合金元素重新分布并均匀化，不仅硬度提高，耐低应力磨粒磨损性能也有改善。对45钢NiCr激光合金化后，硬度为728HV，合金层比基材耐磨性高2～3倍，在高速高载荷下尤其明显。在工模具钢表面的激光W、WC、TiC的合金化结果表明，由于马氏体的相变硬化、碳化物沉淀析出和弥散强化的共同作用，使合金层的耐磨粒磨损性能明显提高。

从上述例子可见，激光表面合金化提高材料力学性能的潜力是很大的。除了常规的合金化方法外，激光表面合金化与传统化学热处理相结合的复合处理或激光气体合金化，亦是其发展和应用的一个新方向。激光表面合金化的高生产率、清洁、灵活、简便和较广的适应范围是其主要优势，因而有潜在的广泛应用前景，在金属加工和模具强化领域已有不少成功应用的实例。

第 7 章　工模具的离子注入表面强化

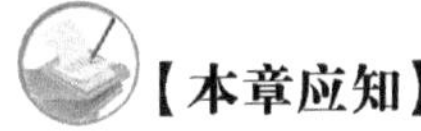

【本章应知】

了解离子注入的基本原理和技术特点；了解离子注入的参数。

【本章应会】

掌握离子注入的基本原理；

掌握离子注入的特点。

近 20 年来，离子注入作为材料表面改性的有效手段，在世界范围内日益受到重视。目前，离子注入理论深入发展，离子注入设备不断完善创新，离子注入技术也日趋成熟，已用于处理半导体材料、金属、陶瓷、复合物、聚合物和农作物种子，在集成电路、材料加工、军事工业及轻工、医疗器械和航天工业上获得应用。但在国内，除了在半导体工业中已形成规模生产外，在其他领域，离子注入才刚刚迈出实际商业应用的步伐。不过，目前国内已探索出许多适合离子注入工业化生产的产品，包括工具、模具、滚动轴承、人造假体和一些精密零件等。

本章拟就离子注入技术的特点，对工模具强化的适用性等方面进行论述，并介绍工模具离子注入表面强化的研究和发展情况，探究其工业应用前景。

7.1　离子注入的基本原理和技术特点

7.1.1　离子注入的基本原理

离子注入是将预先选择的注入元素，在离子源中离化后，再将离子从离子源引出，经高压电场加速，使其获得很高的能量，然后注入金属（固体靶）中的物理过程。

图 7-1 所示为离子注入系统原理简图。各种离子注入机的结构在细节上虽略有不同，但大体上都由下述几个主要部分组成：离子源、质量分析器、加速聚焦系统、靶室、高压电源、真空系统、水冷系统。

从离子源发出的离子，经引出电极引出后形成离子束。离子束在质量分析器（一般采用磁分析器）中，按其荷质比的不同被分选出来。经加速系统分选后的待注入离子，在电场力的作用下受到加速而达到预定能量（通常获得几万电子伏至几十万电子伏的能量），再经聚焦透镜，使聚焦后的离子束轰击到靶面（基材）上。荷能离子进入靶面后，与靶内的原子和电子发生一系列的碰撞（碰撞级联过程），不断损失能量，最后在一定的位置停留下来。例如，一个带有 100keV 能量的离子，通常在其能量耗尽并停留下来之前，可进入数百至数千个原子层（取决于离子质量和基体材料）。图 7-2 所示为典型碰撞级联的产生过程。

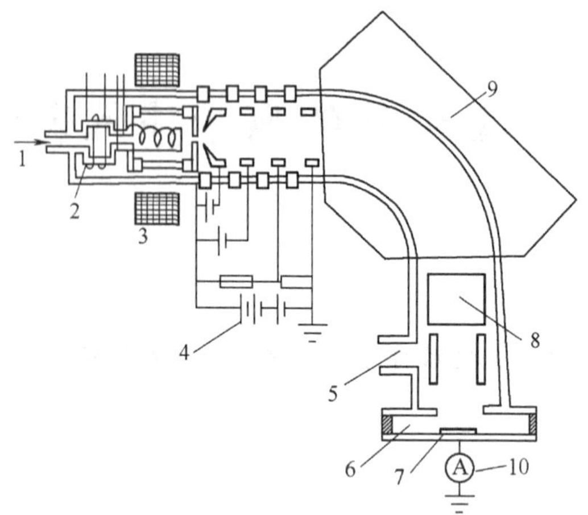

图 7-1　离子注入系统原理简图

1—进气口　2—放电室　3—离子源　4—静电加速器　5—真空通道　6—注入室　7—试样　8—XY 扫描　9—质量分析器　10—电流积分器

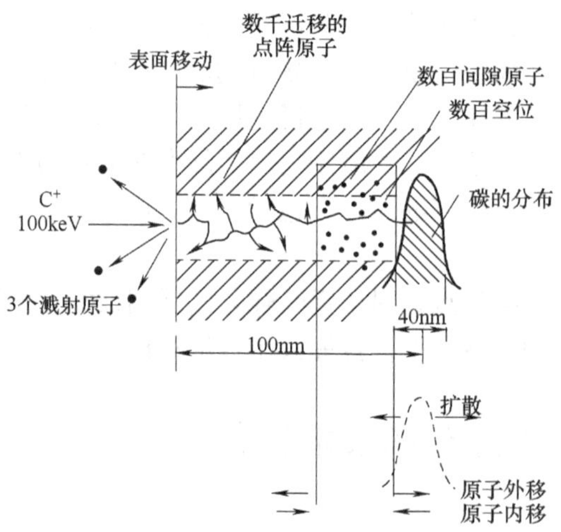

图 7-2　典型碰撞级联的产生过程

离子进入靶面后所经过的路线，称为射程。入射离子的能量、离子和靶材的种类、晶体取向和温度等，均影响着射程与射程分布。由于离子注入层是由基材表面加上注入离子所组成的，故了解注入离子在基（靶）材表层中的射程与浓度分布就成为重要的问题。离子的射程通常决定离子注入层的深度；而射程分布决定着浓度分布。研究结果表明，离子注入元素的分布，根据不同的情况有高斯分布、埃奇沃思分布、皮尔逊分布和泊松分布。具有相同初始能量的离子在靶内的投影射程（射程在离子入射方向上的投影）符合高斯函数分布。

7.1.2　离子注入的技术特点

（1）离子注入技术的优点

1）原则上，周期表中的所有稳定元素都可注入所选择的任何基体材料中。注入元素在基体中的含量不受平衡相图固溶度的制约。

2）注入元素的浓度可以很大，且和扩散系数无关。

3）注入元素的种类、能量、剂量均可精确控制，易获得注入元素所需的深度分布。

4）通过磁分析器可得到高纯的离子束。

5）可注入离子团和多种离子，以合成所需的化合物和新合金相。

6）离子注入层相对于基材没有突变界面，不存在注入层的剥落问题。

7）注入可与溅射或蒸发工艺结合在一起进行，从而改善镀膜特性，这称为离子束辅助增强沉积。

8）在离子注入过程中，基体温度可控制在低温、室温或高温下。低温和室温注入，能保持工件的原有尺寸精度和表面粗糙度，不影响待处理材料的整体性能。

9）离子注入过程要在真空下进行，它是清洁和精密的加工过程。

（2）离子注入技术的不足之处

1）离子注入对工件的注入层太薄（一般小于1μm），故宜于用在特殊用途的精密零部件上。

2）离子注入是射线过程，离子束不能绕行，故对形状复杂或带孔的零件注入困难，但后来研发的等离子体源离子注入（PSⅡ或PSⅢ）技术可解决此问题。

3）离子注入设备投资和加工成本较高，在现阶段对其推广应用有一定的影响。

7.2 用于表面改性的离子注入设备及工艺参数

图7-1已经描述了离子注入机的全貌。但不同用途的离子注入机的结构要求并非完全相同，机械工程材料表面改性对离子注入机的要求与用于半导体材料掺杂对离子注入机的要求就存在一定的差别。

由于金属的组织结构和成分复杂，对不同的金属材料和不同的零件而言，离子注入改性的目的也不尽相同，应用于金属的离子注入机已由单一的注入气体元素，发展到可以注入金属元素或气体和金属元素可以同时注入，或多组元的金属和非金属元素混合注入。目前较典型的用于金属材料表面改性的注入机有金属蒸气真空弧离子源（MEVVA）离子注入机和气体-金属混合离子源（TITAN）离子注入机。前者由美国劳伦斯伯克利实验室的Brown等于1982年发明，使大面积、高速率的金属离子的注入变得简单易行；后者是20世纪80年代后期苏联新西伯利亚科学院强流电子研究所的S. P. Bugaev等提出的。TITAN离子源采用气体潘宁放电和气体等离子体点燃金属真空弧方法，能同时或分别产生金属离子束和气体元素离子束，可实现大束流的气体-金属离子混合注入。

上述两种注入机都没有质量分析器，因为对材料表面改性而言，引出的离子十分纯净。

7.2.1 金属蒸气真空弧（MEVVA）离子源离子注入机

图7-3a、b所示为MEVVA离子源离子注入机的原理图和结构图。该离子源由金属蒸气等离子体放电室和离子引出系统组成。在等离子体放电室中，有阴极（由注入金属组成）、阳极和触发极。离子引出系统是普通三电极系统。MEVVA离子源离子注入机工作于脉冲方式，在每个脉冲循环加上一个脉冲触发电压，使阴极和触发极之间产生放电火花，引燃阴极

和阳极间的主弧。此时，在阴极表面上高速运动的弧斑（电流密度高达 10^6 A/cm^2）喷发出阴极材料原子蒸气，由于电弧放电中电子的冲击，使蒸发到弧柱中的金属原子电离成为等离子状态。当等离子体向真空中扩散时，大部分流过阳极中心孔，到达引出极，使离子被引出，形成离子束。

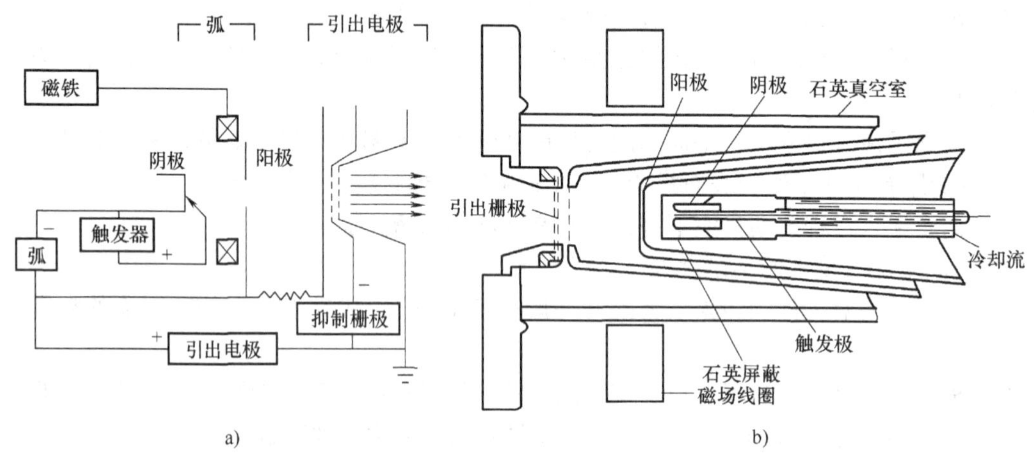

图 7-3 MEVVA 离子源离子注入机

a）原理图 b）结构图

MEVVA 离子源离子注入机工作可靠，结构简单，常被设计成多阴极形式，在不破坏真空的条件下能给出多种元素的离子。其突出的优点是束流大（达安培级）、束斑大，且相当均匀。此外，离子的纯度也相当好。以上这些特点使得 MEVVA 源离子注入机近年来得到广泛的应用。国内，北京师范大学目前已能生产这种离子注入机。

MEVVA 离子源离子注入机的结构如图 7-4 所示，除 MEVVA 源外，还有靶室、高压控制装置、真空系统等部分。该系统有多室结构，可在不破坏主靶室真空的条件下更换工件，从而有利于实现连续作业，适于工业生产。

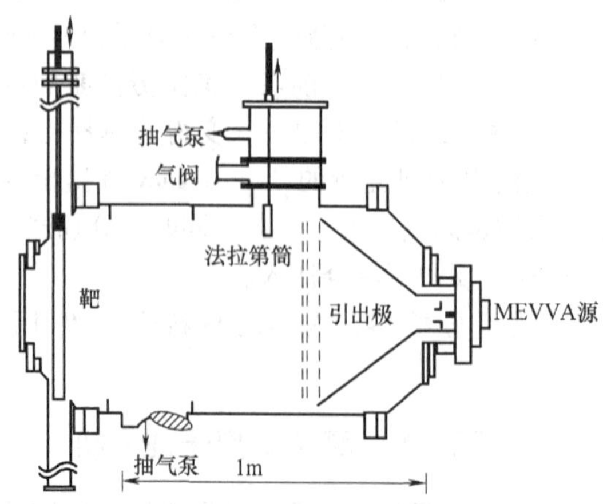

图 7-4 MEVVA 离子源离子注入机的结构

7.2.2 气体-金属混合（TITAN）离子源离子注入机

图7-5所示为TITAN离子源离子注入机的原理图。离子源由带有压缩弧冷阴极的等离子体源、真空弧阴极、中空阳极和一套引出离子的格网栅极组成。这个装置安装在一个简单的真空室中，并与离子束工作的工艺真空室（靶室）相连。

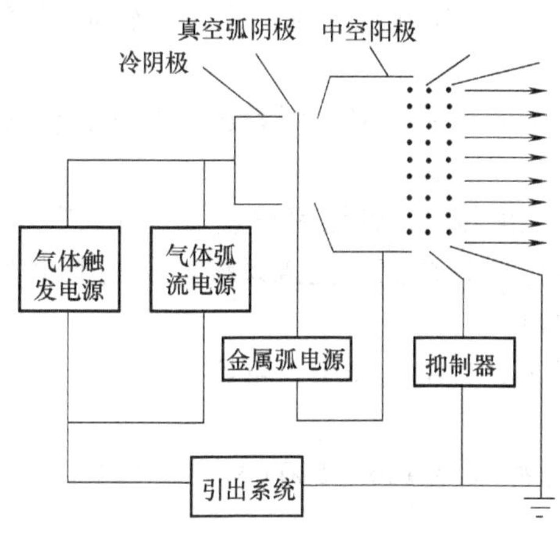

图7-5 TITAN离子源离子注入机原理图

从广义上讲，可以认为TITAN源是人们熟知的双等离子体源（Duoplasmatron Type Ion Sources）与MEVVA源的有机结合。其上部是压缩弧冷阴极潘宁放电室，冷阴极由Mg制成，被相对放置在磁路中，磁力线由SmCo永磁铁产生；下部是金属蒸气真空弧放电室。

真空弧阴极由所需金属离子的金属材料制成，上部和下部通过一个压缩孔道连接起来。气体放电室和金属蒸气真空弧放电室共用一个对两者都起作用的中空阳极。两个放电室可各自独立工作，也可同时工作。引出系统为多孔三极引出系统，由发射栅、抑制栅和加速栅组成。

当气体触发电源（C. TRIG）和气体弧流电源（C. ARC）同时工作时，可产生气体等离子体，通过引出系统给出气体离子。当气体触发电源和金属弧放电电源（V. ARC）工作时，可产生金属蒸气真空弧放电，形成金属蒸气等离子体，通过引出系统可给出金属离子。当气体触发源、气体弧流电源、金属弧放电电源三个电源同时工作时，可给出气体和金属混合离子束。

可以这样来描述气体等离子体的产生过程。当气体放电室中通入一定流量的工作气体（如N_2），并在冷阴极和中空阳极间触发脉冲加到某一额定值（如3kV）时，冷阴极和插在其中的一个支架之间的潘宁放电首先被引发。尽管电压没有加在它们之间，这可能是由于杂散电极电容造成的，但它足以点燃潘宁放电，并产生首级弱等离子体。等离子体穿过真空弧阴极当中的压缩孔道进入中空阳极，紧接着中空阳极和冷阴极之间的间隙被击穿，在它们之间就充满稳定的等离子体。离子从中空阳极的底端引出，被发射栅截止并产生离子束（发射栅与阳极等电位）。通过选择网眼大小（发射栅呈格网状），可以使离子束流达到最大。另两栅网构成加速和减速系统，引出电压为10～80kV。

对金属蒸气真空弧放电，为了在不太高的弧压下使阴极与阳极间产生稳定而可控的放电，采用了气体等离子体触发系统。在气体触发源接通后，利用潘宁放电产生一个脉冲气体等离子体，去引发金属电极与阳极之间的金属真空弧放电。当气体等离子体经过压缩通过阴极孔达到金属阴极和中空阳极之间时，阳极电位通过等离子体降至气体等离子体鞘层电位和金属阴极电位之间的电位值，由于间隙很小，场强很高，将在阴极表面引起金属真空弧放电，阴极表面形成阴极斑，使其表面材料局部被蒸发，并形成金属等离子体，经过引出系统引出，形成金属离子束。在金属真空弧放电时，此阴极不断被消耗，当消耗到一定程度后必须进行更换。

TITAN 离子注入系统由离子源和靶室（两者连接在一起构成设备主体）、高压变压器、电气控制柜和真空与供排气系统构成。

在国内，大连理工大学三束材料改性国家重点实验室、广东工业大学材料与能源学院、郑州大学物理系等单位装备有 TITAN 离子注入系统。广东工业大学材料与能源学院的这套 TITAN 系统的主要技术指标如下：

脉冲频率：12.5Hz、17Hz、25Hz、50Hz，可调；

脉冲宽度：400μs；

束流强度：金属离子脉冲束流 100～500mA（1 价离子），气体离子脉冲束流 100～250mA（1 价离子）；

放电电流：真空弧为 50～150A，压缩弧为 30～60A；

引出电压：10～80kV；

离子束斑面积：250cm^2；

工作台旋转速率：0.1～1.0r/s；

加工零件最大高度：300mm。

由于金属真空弧放电产生的金属离子往往是多电荷态，有的离子最高可带 6 个正电荷，所以引出的离子能量可以是引出电压的 6 倍。一般金属以带 2～3 个正电荷的离子为多。由于离子电荷态的不同，能量也不同，这使离子注入层深度也不同。

7.2.3 等离子源离子注入机

为了克服注入离子直射性的限制，发展了等离子源离子注入（PSⅡ或 PSⅢ）技术。与传统的离子注入方法不同，等离子源离子注入装置不是由离子源产生离子束射向靶室中的工件上，而是相当于离子源环绕着工件，使工件“浸没”在等离子中。所以这种离子注入又称全方位离子注入或浸没式离子注入。

等离子源离子注入是离子注入技术和低温等离子体技术相结合的产物。在该工艺中，不采用离子源产生离子束的方法，而是通过低温等离子体技术直接在工件表面附近形成等离子体。由于等离子体是一种离子和电子的混合物，因而将一系列的负高压短脉冲加到工件上时，在每一个脉冲过程中，可同时从各个方向上将等离子体中的离子吸引出来，并直接射向工件表面。这种等离子源离子注入，对处理型腔形状复杂的模具特别适用。

在等离子源离子注入机上还可以实现离子束辅助沉积，使在材料表面同时进行离子镀和离子注入两种工艺。例如，在等离子源离子注入 PSⅡ（或 PSⅢ）设备上再配置磁控溅射镀膜装置，就可先在工件表面上进行薄膜沉积，接着在同一设备内进行等离子源离子注入，两种工艺可以反复交替进行。

我国核工业西南物理研究院在国家“863 计划”的支持下，研制成功了新一代等离子源离子注入机（PSⅢ），其结构示意图及设备整机如图 7-6 与图 7-7 所示。该机由圆筒形不锈钢腔体构成真空室，直径 900mm，高 1050mm，立式放置在底座上。侧壁有多个法兰口用于安装灯丝、金属等离子体源、真空规管等，并且有一个 450mm × 600mm 的矩形活动门方便取放工件。靶台引口、送气及抽气口布置在真空室底部，便于各部件安排及简化装置外观。顶部有备用法兰口。真空室的不锈钢外侧分层覆盖有永磁体、冷却水管、软铁、铅皮及装饰不锈钢板，用于在真空室内形成增强的多极会切磁场、永磁体冷却和满足 X 射线防护要求。真空室侧壁上下对称安装了四组灯丝及送气口。从抽气口附近引入利于在真空室内形成气压均匀的中性气体，三个高效磁过滤式金属等离子体源均匀安放在侧壁。真空抽气系统由两台分子泵和一台机械泵构成。每台分子泵抽速为 1400L/min，本底真空度可达 4×10^{-4}Pa。为了便于安全操作，该机采用控制台集中远地控制，并且对真空抽气系统可实行手控或 PLC 程控切换，所需参数和流程均在控制台上指示，降低了误操作的概率。该机的负高压脉冲幅值为 10 ~ 80kV，重复频率为 50 ~ 500Hz，脉冲上升沿小于 2μs，并且可根据需要产生脉冲串。通常等离子体密度为 $10^8\sim10^{10}/cm^3$。该设备还有离子束辅助沉积功能，膜沉积速率为 0.1 ~ 0.5nm/s。

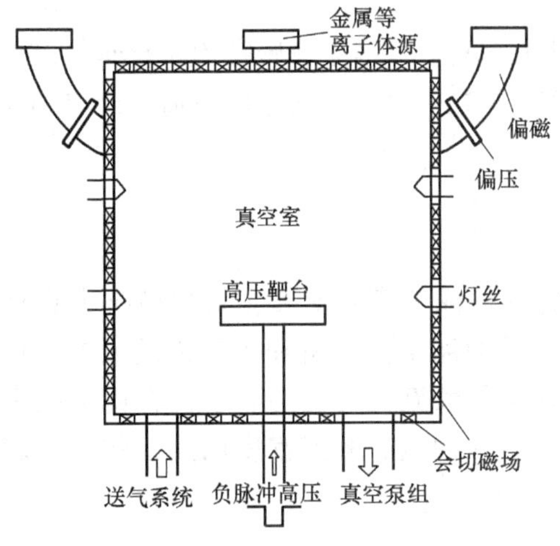

图 7-6　新一代等离子源注入机（PSⅢ）的结构及配置

图 7-7　新一代等离子源注入机（PSⅢ）整机图

7.2.4　离子束辅助沉积系统

离子束辅助沉积（IBAD），又称为离子束增强沉积（IBED）、离子束辅助镀膜（IAC）、动态离子共混（DIM）。该技术使薄膜沉积与离子注入融为一体，能对表面材料的成分、组织结构进行控制，从而制造出新型的结构材料和功能材料。

离子束辅助沉积系统装置如图 7-8 所示。它主要由离子源、离子枪、溅射靶、载物台、真空系统和控制系统等部分组成。大连理工大学三束材料改性国家重点实验室的离子束辅助沉积系统采用 TITAN 离子源和 Ar 离子枪。在进行钇离子束辅助沉积 TiN 时，溅射靶为 Ti 靶，Ar 离子枪加速电压 2kV，发射 Ar 离子轰击 Ti 靶，溅射沉积 Ti；与此同时，从位于真空室顶部的 TITAN 源中以脉冲方式引出 Y 离子束，加速电压 40kV，向试样注入 Y 离子。采用离子束辅助沉积，会对涂层产生良好的改性效果，除了通常的离子注入引发的级联碰撞，造成原子混合产生过渡层而大大提高膜基结合强度外，还能改变膜的生长结构，调整膜层成分，有利于改善涂层的性能。

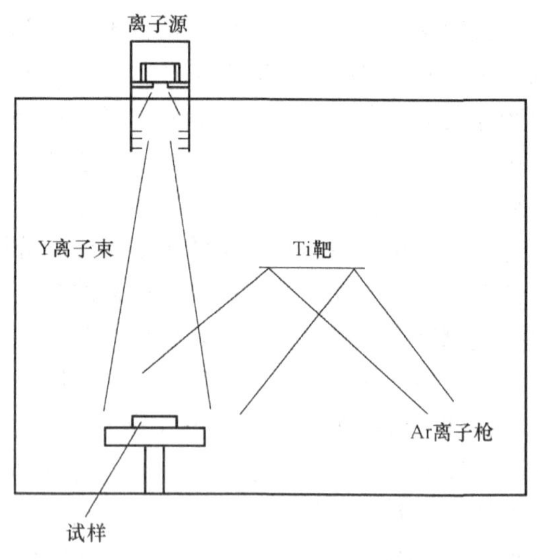

图 7-8　离子束辅助沉积装置

7.2.5　离子注入的工艺参数

在传统的离子注入工艺中，主要的工艺参数有：

（1）离子能量（即离子源的加速电压）　多数注入机的能量在 30 ~ 200keV。一般来说，离子能量越高，离子注入的深度就越大。

（2）离子注入剂量　注入样品的元素量以样品表面上被撞击的离子数来计量，称注入剂量。

（3）束流（靶流）　注入过程的速率决定于束流 I(mA)，或者束流密度 J(mA/cm^2)。如果注入时间以 t(s) 表示，D 为注入剂量（ions/cm^2），q 是一个离子所带的电荷（$q = 1.6\times10^{-19}$C），S(cm^2) 为注入面积，则

$$t = qDS/I$$

可见束流（I）越大，所需注入时间越短。

在进行离子注入工艺设计时，要根据所处理的零件或工模具对其主要失效抗力指标的要求，首先进行注入层的成分设计，进而选择合适的离子注入机和拟注入的元素，再进一步确定注入元素的浓度、注入层的深度以及对离子束流均匀性的要求；在此基础上便可选定主要的工艺参数，如离子源的加速电压、注入剂量、束流密度以及工作台的旋转速度等。

7.3　离子注入技术在工模具中的应用

随着现代制造业的发展和材料加工技术的进步，人们对工模具性能及其可靠性的要求越来越高。为此，出现了各种先进的工模具表面改性技术。其中，离子注入技术进步很快，应用潜力颇大，自 20 世纪 70 年代在工业发达国家开展离子注入工模具应用研究和推广工作以来，至今已有很大发展。近 10 年，离子注入技术在国内亦已开始迈出工业应用的步伐。

1. 离子注入刀具的工业应用

离子注入刀具的强化效果很好，仅仅注入 N 离子，就可明显提高刀具性能，延长其寿命。表 7-1 所列的数据是采用标准的 N 离子注入机所作的试验结果。可以看出，注入 N 离子可使刀具寿命延长 2 ~ 12 倍。

表 7-1　N 离子注入刀具的效果（$4\times10^{17}/cm^2$，100～150keV）

刀具名称	材　料	效　果	刀具名称	材　料	效　果
裁纸刀	11C 1.6Cr1Co	寿命延长 2 倍	牙科钻头	WC-6% Co	寿命延长 2～7 倍
橡胶切刀	WC-6% Co	寿命延长 12 倍	电路板钻头	WC-6% Co	寿命延长 2～5 倍
醋酸纤维板切刀	铬钢	增产	齿轮插刀	WC-6% Co	寿命延长 2 倍
酚醛树脂纤维切刀	M2 高速钢	寿命延长 5 倍	薄钢板切刀	WC-6% Co	寿命延长 3 倍
螺纹铣刀	M2 高速钢	寿命延长 5 倍	面包切刀	铬钢	寿命延长 6～8 倍
塑料切刀	铬钢	增产			

此外，利用 MEVVA 离子源强流金属离子注入技术处理钻头，取得了令人满意的效果，离子注入钻头使用寿命可延长 7 倍。工业实践表明，用离子注入的钻头对不锈钢炉体进行钻孔试验，用群钻打孔，每个炉体需钻 2 万～3 万个通孔，仅用 75 支离子注入的钻头即可加工完毕；而用未注入的钻头则需要 525 支钻头才能加工一个炉体。可见，离子注入的钻头可明显地提高加工效率，降低成本，提高经济效益。

2. 冲针的离子注入

喷丝板是化学纤维纺丝机上的一个重要的精密零件，其材料采用经固溶处理的 1Cr18Ni9Ti 奥氏体不锈钢，它既有较好的塑性和延展性，又具有良好的耐蚀性。目前，喷丝板的加工方法常采用冲钻法，即用冲针冲挤成形，然后加工喷丝孔。用冲针加工微孔时，先用角度针（材料为 W6Mo5Cr4V2）冲尖底座，然后再用成形针（材料为 GCr15）冲挤微孔。但在冲孔过程中常发生黏着现象，影响了冲针寿命和喷丝孔质量。为此，对冲针进行离子束表面改性处理，以改善其抗黏着性能。

对冲针进行离子注入处理前，先进行常规热处理。其中，W6Mo5Cr4V2 钢经 840℃ 退火 +1230℃ 淬火 +560℃ 三次高温回火，得到组织为回火马氏体和极少量残余奥氏体，硬度为 63HRC；GCr15 钢经 800℃ 球化退火 +840℃ 淬火 +150℃ 低温回火，组织为隐晶马氏体及少量残余奥氏体和未溶碳化物，硬度为 57HRC。

冲针的离子注入在中国科学院上海冶金研究所离子注入机上完成，采用 N 离子注入，其注入参数：注入能量 90keV，注入剂量 2×10^{17} ions/cm^2，束流 7～8mA，注入方式为垂直注入、靶旋转，靶室真空度为 9.1×10^{-4} Pa。冲孔试验在上海市纺织机械研究所进行，对 24°角度针和成形针的经离子注入和未注入件分别进行对比，并在冲孔前对各类冲针进行表面粗糙度值的测量。

表 7-2 给出了冲针的冲孔试验结果。可见未经 N 离子注入的角度针一般寿命为 10～15 孔/针，其损伤形式为针变弯、变钝，当针尖弯曲后就不能再继续使用，否则会影响微孔质量，而使喷丝板报废。经 N 离子注入的角度针效果较好，寿命提高到 20～25 孔/针，其损伤形式是针稍弯。对于成形针，未经 N 离子注入的寿命为 10 孔/针左右，经 N 离子注入的寿命提高到 24 孔/针。由表可看出，两种冲针的服役寿命都有明显的提高。

通过表面轮廓仪，测得注入件的表面粗糙度指标均有明显的改善。这是由于高能离子的“光整”作用，使整个靶面被削平，导致表面的峰谷降低。形貌测试表明，冲针经 N 离子注入后表面趋于光滑，改善了支撑条件，减小了结点的接触应力，有利于抗黏着性能的提高。

表 7-2 冲针冲孔试验数据

冲针类别	处理方法	冲孔前冲针表面粗糙度值/μm	冲孔数/(孔/针)	损伤形式
24°角度针	未注入	*Ra*0.17	10~15	针弯，针尖变钝
24°角度针	N 离子注入	*Ra*0.16	20~25	针稍弯
成形针	未注入	*Ra*0.18	10	针表面拉毛
成形针	N 离子注入	*Ra*0.14	24	针表面拉毛

硬度试验（试验力 0.49N）表明，所有注入 N 离子件硬度值均得到提高，ΔHV 平均为 340MPa。表面残余应力的测定在 X 射线应力仪上进行，结果发现，注入 N 离子件的表面残余应力均呈压应力，且比未注入 N 离子件平均增加 106MPa。这种表面压应力状态，显然有助于改善冲针的疲劳性能。冲针性能的改善和可靠性提高，显然是离子注入等各种强化机制的综合效果。

3. 铝型材挤压模具的离子注入

铝型材挤压模具的热磨损和使用寿命短等问题直接影响着铝加工行业中铝产品的质量和厂家的经济效益。因此，提高挤压模具的质量一直是铝加工行业急需解决的问题。由于铝型材挤压模具的服役条件恶劣，挤压前需将模具和棒料预加热到 400℃，挤压时的工作温度达到 520~550℃，压力达到几百兆帕，同时棒料中夹杂有氧化物 Al_2O_3，因此模具的磨粒磨损和黏着磨损严重，缩短了模具的使用寿命，增加了铝型材的生产成本，同时又影响了产品质量的稳定性。目前，工业生产中主要是采用气体软氮化、硫氮碳共渗以及盐浴渗氮等热处理方法对模具进行表面化学热处理，但已不能满足当今生产需要。为了提高铝型材挤压模的热磨损抗力，延长服役寿命，对模具进行离子注入改性，应是取代氮化或软氮化工艺的、有价值的替代方案。

铝型材挤压模具材料为 H13 钢（4Cr5MoSiV1）钢，离子注入前经常规热处理。离子注入在核工业西南物理研究院研制的 GLZ-100 型工业离子注入机上进行。该设备配备有 MEVVA 离子源和气体离子源。

为进行挤压模具的离子注入试验，选用了 1800t 和 880t 两种类型的组合模具进行离子注入处理。注入工艺选用了 Ti+C 和 Ti+N 混合注入。其中，Ti+C 注入采用静态注入，即先注入 Ti 离子再注入 C 离子；Ti+N 注入采用动态混合注入，即同时进行注入。注入参数为：注入剂量为 $(6\sim8)\times10^{17}\mathrm{ions/cm^2}$，加速电压为 35~50kV(Ti+C) 和 40~70kV(Ti+N)；束流密度 $\geqslant 25\mu\mathrm{A/cm^2}$(Ti+C) 和 $\geqslant 35\mu\mathrm{A/cm^2}$(Ti+N)。注入过程中，模具表面温度控制在 500℃以下，以避免表面退火而降低注入效果。

试验结果表明，经离子注入处理后的挤压模具，表面粗糙度得到改善，而模具形状和几何尺寸精度未降低；用离子注入改性模具挤压出的铝型材手感更加光滑、细腻，光亮度提高。

将离子注入改性的挤压模具和未注入改性的模具进行实际挤压铝型材对比测试试验。试验中，为了保证测试数据的准确性，修模、热处理、渗氮和铝型材挤压参数等方面尽量保证一致。在批量工业生产跟踪时，用模具的中间使用寿命（将模具在第一次修复之前或两次修复之间所挤压的铝棒数定义为模具的中间使用寿命）增长率进行统计，以比较离子注入的改性效果。

在工业批量生产中共计处理了模具105只，并对51只进行了对比试验。其中，Ti + C注入的模具有5只，且都有不错的效果，中间使用寿命平均提高了143.6%；Ti + N注入的模具有46只，其中有8只没有效果（主要是模具本身的缺陷造成挤压出的铝型材厚薄不均、底拱或侧拱、不平等），有38只模具的中间使用寿命平均提高了139.5%。

在不同的挤压力情况下，离子注入模具的中间使用寿命的增长率也不同。在1800t挤压机上，离子注入模具的中间使用寿命平均增长率为126%；在880t挤压机上，离子注入模具的中间使用寿命平均增长率为153%，比在1800t挤压机上生产的高21%。由此推断，提高模具的中间使用寿命的主要机制可能是离子注入提高了模具的表面硬度。

X射线衍射实验表明，离子注入在材料近表面形成了TiC/TiN、Fe_2Ti、Fe_2N等合金相，并使Fe_2C含量增高，工件表面高温硬度得到提高，磨损抗力增加。试验还表明，单一注入Ti离子的效果不如Ti + C或Ti + N混合注入明显。

该项试验研究认为，今后H13钢挤压模具离子注入表面改性工艺的改进方向，应以提高表面硬度和降低表面摩擦因数为主。

4. 渗氮 + 离子注入复合强化在提高铝型材挤压模使用寿命上的应用

应用MEVVA离子源离子注入技术，在盐浴渗氮处理基础上对H13钢模具进行C和Ti双元离子注入。模具和相应试样的编号分别为SM363、T211-2和T211-2-1000。模具的盐浴渗氮表面处理的渗层厚度为50～60μm。通过渗氮 + 离子注入复合强化处理后，H13钢模具的表面硬度和耐磨性显著提高。从测试结果可见，离子注入前试样的最高平均显微硬度仅为715HV；注入后，最高平均显微硬度达到了1100HV，在距表面0.05mm处的平均显微硬度也超过800HV，比离子注入前的最高平均显微硬度高得多。

铝型材热挤压试验结果表明，在失效原因相同的情况下，仅经过盐浴氮化表面处理的600t热挤压模具，每副的平均挤压产量仅为3.51t；而经过盐浴氮化和C、Ti双元离子注入复合处理后，模具在一次注入离子处理后的平均挤压生产量为9.86t。后者比前者的挤压产量提高了近200%，大幅度提高了热挤压模具的使用寿命。经复合强化的模具所生产的型材与仅经盐浴氮化处理的模具生产的型材相比，表面也更光滑些，产品质量提高，受到用户的好评。

由于离子注入层较薄（一般小于1μm），对如铝型材热挤压模这样在较重的负荷工况条件下工作的模具，采用复合强化工艺（如渗氮 + 离子注入），在原先渗氮强化的基础上，再通过离子注入，对渗氮层进行改性，是充分发挥离子注入强化效果的有效途径。

5. 塑料模具的离子注入

金属离子注入技术在注塑模具行业的应用已经取得重大突破。例如深圳一家企业用于生产计算机电磁线圈塑胶架的模具，经金属离子注入处理后，其效果优于美国和新加坡采用的金刚石镀膜处理技术所得到的效果，不仅使用寿命由原来的48h增至近450h，同时提高了产品的一次成品率，大幅度减少用于修理批锋的工人（由60人减至20人），大大节约了生产成本，为企业带来显著的经济效益。

6. 等离子源离子注入（PSⅡ）技术在提高高速钢冲头寿命上的应用

采用等离子源离子注入（PSⅡ）技术处理某些模具也是十分有效的。对经等离子源离子注入（PSⅡ）处理前后的M2高速钢冲头进行应用对比试验。未注入的M2高速钢冲头在失效前只能在厚6.35～15.875mm的钢板上冲500个孔；经PSⅡ氮离子注入的M2高速钢冲头在失效前能冲43000个孔，使用寿命提高80余倍。由此可见，采用PSⅡ氮离子注入技术确实能使高速钢表层获得表面改性所需的性能。

7. 离子束辅助沉积（IBAD）技术在提高模具可靠性方面的应用

中国科学院上海微系统与信息技术研究所用氙离子束辅助沉积TiN，对银质和铜质纪念币压印模进行表面处理，降低了模具表面损伤，消除了表面黏铜、黏银现象，使可靠性大为提高，使用寿命提高了3～10倍；用离子束辅助沉积技术处理节能灯管模具，使用寿命提高9倍，已在工业生产线上应用。

离子束辅助沉积技术有助于克服离子注入层深度过浅的不足，它将离子注入与薄膜沉积融为一体，这是当前表面改性研究的热点，是一种有望在未来工业生产中获得巨大经济效益的新技术，在精密工模具加工中和提高模具可靠性方面的应用前景广阔。

第8章　工模具的物理气相沉积

【本章应知】

了解电弧离子镀的基本原理；了解溅射涂层的原理及分类。

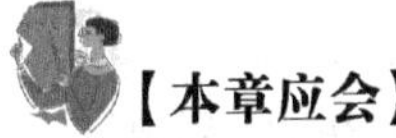

【本章应会】

掌握离子镀技术；

掌握电弧离子镀的工艺设计。

20世纪70年代以来，物理气相沉积（Physical Vapor Deposition，PVD）技术的崛起与化学气相沉积（Chemical Vapor Deposition，CVD）技术水平的提高，使得材料表面真空涂层（镀膜）技术进入了全面的发展阶段。

物理气相沉积大体上可分为真空蒸镀（Vacuum Evapolation）、溅射（Vacuum Sputtering）镀膜和离子镀（Ion Plating）三种基本涂层技术。后两种由于应用了等离子体技术，使涂层质量有了很大提高。应用先进的PVD技术所得到的涂层包括电子器件的绝缘膜和保护膜、光学膜、磁性膜、导电薄膜、激光镜镀层、扩散和腐蚀阻挡层以及工模具的硬质涂层。

各种硬质合金、高速钢和模具钢制造的精密模具，基本上都采用沉积温度较低的物理气相沉积（PVD）技术进行表面涂层处理，也有应用离子加强化学气相沉积（PACVD）处理的。由于涂层温度较低，在涂层后无需再次进行热处理，有利于减少畸变，使模具精度容易得到保证。对高速钢工具，也大都采用物理气相沉积（PVD）或离子加强化学气相沉积（PACVD）技术进行涂层。对硬质合金工具，虽然采用传统化学气相沉积（CVD）处理的很多，但近几年随着物理气相沉积（PVD）技术的进步和涂层材料性能的提高，物理气相沉积（PVD）涂层在硬质合金工具领域的应用也有了很大的发展。

8.1　溅射涂层

溅射涂层（镀膜）是指在真空中，利用荷能粒子轰击镀料表面，使其原子获得足够的能量而溅出表面，沉积在基片上的技术。由于各种物质（包括高熔点、低蒸气压的金属和化合物）都可发生溅射，且溅射涂层的性能好，与基材的结合力强，因此溅射镀膜比真空蒸镀要优越得多，适于用处理工模具的涂层。

8.1.1　溅射镀膜的原理及分类

当荷能粒子轰击固体（靶材）表面时，将发生一系列的物理和化学现象，如图8-1所示。这些现象包括：靶材表面的原子、离子或分子的发射（溅射）；二次电子发射；入射离子的反射；γ 光子和 X 射线的发射；气体的解吸；气体分解；溅射粒子的背反射；加热；化学分解或反应；体扩散；碰撞级联；晶格损伤和注入等。这些物理或化学过程对溅射成膜都将产生不同程度的影响。

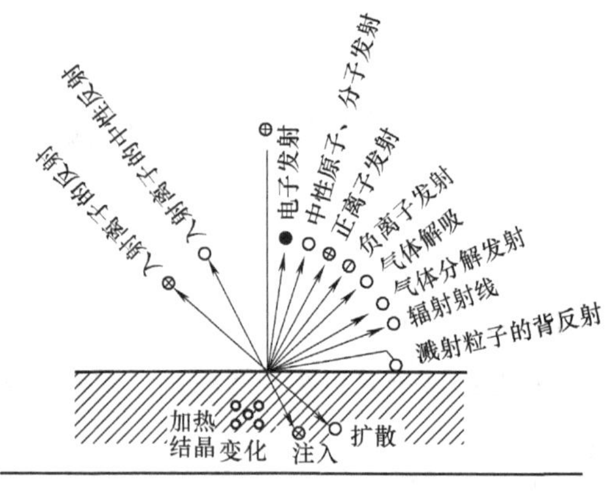

图 8-1　荷能粒子轰击固体表面所产生的溅射现象

这里需要指出，由于真空工作室壁、靶、基片、夹具等都带有一定的负电位，都有可能产生溅射现象，但只有以靶的溅射为主体成为控制因素时，才能发生真正意义上的溅射成膜。基片上发生的溅射称为溅射清洗。在溅射沉积时，通过设置合理的电气参数，调整各部件相对于等离子体的电位，便可实现特定的某种工艺过程。

溅射镀膜有两种。一种是在真空室中，利用离子束轰击靶材表面，使溅射出的粒子在基片上成膜，这称为离子束溅射。要实现离子束溅射要配置特制的离子源，这给溅射涂层的设备增加了造价，故一般只在制备特殊的膜层时才采用离子束溅射技术。在电子显微分析技术中对样品的刻蚀，就是用的这种溅射方法。另一种涂层工艺是在真空室中利用低压气体放电现象，使处于等离子状态下的离子轰击靶面，以使溅射出的粒子在基片上发生沉积，通常把这种工艺方法称为辉光放电阴极溅射。

辉光放电阴极溅射的工艺形式，从不同的角度来看，有不同的分类方法。例如，从电极结构的角度来看，有二极溅射（Diode Sputtering）、三极溅射（Triod Sputtering）、四极溅射（等离子弧柱溅射，Plasma Arc Sputtering）、磁控溅射等方式；从电源与放电形式来看，有直流溅射（D. C. Sputtering）、射频溅射（R. F. Sputtering）、偏压溅射（Bias Sputtering）、溅射离子镀等种类。

8.1.2　磁控溅射技术

图 8-2 所示为直流二极溅射原理示意图。用镀料制成的靶为阴极，其上接 1 ~ 5kV 的负偏压。阳极是安放基片（被镀件）的工作台（与真空室壁相连并接地）。两极的距离一般为数厘米至十多厘米。镀膜时，先把真空度抽至 10^{-3} Pa。工作气体为氩气，通过进气通道引入至真空室中，压强约为 1 ~ 3Pa。接通电源后，当场强超过一定值后将引发辉光放电。在辉光区中电子与氩原子碰撞并使其电离；氩离子在电场作用下向阴极高速运动而轰击靶材；靶材原子被溅射出来并飞向阳极而沉积在基片上，形成涂层。

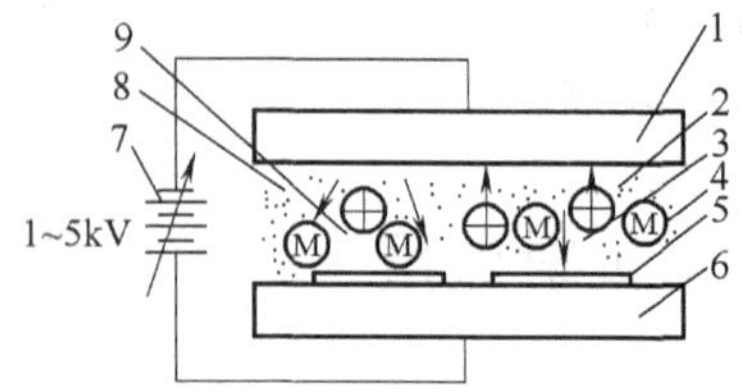

图 8-2　直流二极溅射原理图

1—阴极靶　2—氩离子　3—二次电子　4—溅射原子　5—基片　6—阳极　7—靶电源　8—阴极暗区　9—等离子体区

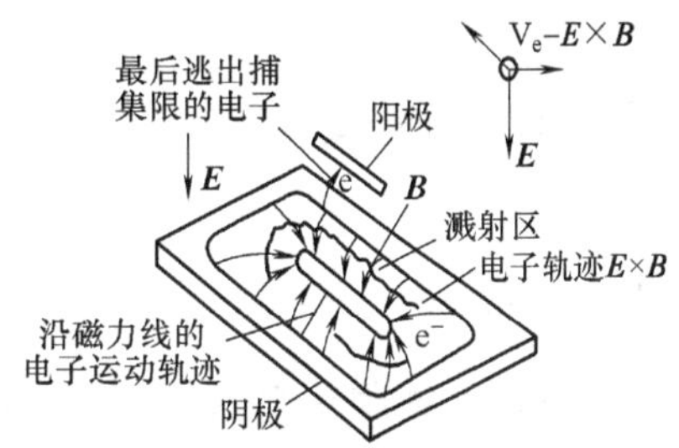

图 8-3　平面磁控溅射靶工作原理

二极溅射方法虽简单，但放电不稳定，沉积速率低（1～40nm/min），基片温升高。为了克服二极溅射的缺点，提高镀膜效率，发展了许多新的沉积方法。其中，磁控溅射是目前工业上用得最多的一种，对工模具的涂层沉积也颇为适用。

磁控溅射的特点是在阴极靶面上建立一个环状磁场（图 8-3），以控制二次电子的运动，其目的是让电子尽可能多地产生几次碰撞电离，从而增加等离子体密度，提高溅射效率。磁控溅射的原理是通过在靶材后面放置磁体，在阴极靶面上方形成一个正交电磁场，磁场与电场正交，磁场方向与阴极表面平行。当二次电子离开靶面时，将受到电场产生的静电作用和磁场产生的洛仑兹力的共同作用（正交电磁场的作用），产生 $E\times B$ 漂移，沿着"跑道"做跨栏式的运动。电子在运动的过程中，不断地与气体分子发生碰撞，把能量传递给气体分子，使之电离。由于这种跨栏式的运动大大地增加了运动路程，从而显著提高与气体分子碰撞的概率，使分子的离化率大为提高。而电子本身在经历多次碰撞后，变为低能电子，最终沿磁力线漂移到阴极附近的辅助阳极，进而被吸收。这就避免了高能粒子对基片的强烈轰击，消除了二极溅射中基片被轰击加热和被电子辐照引起损伤的根源，体现了磁控溅射中基片"低温"的特点。

磁控溅射靶大致可分为三类：平面靶、柱状靶和 S-枪溅射靶。平面靶在工业上应用较多，它成膜均匀性好，对大面积的平板可连续溅射成膜，适于大规模生产。柱状靶的结构简单，可在较低的气压下成膜，适用于形状复杂、规格变化多的工件镀膜。S-枪溅射靶的结构较复杂，一般要配合行星式夹具使用，应用较少。

磁控溅射镀膜工艺流程（间歇式）通常为：镀前工件的预处理—真空室的准备（更换靶材、装工件等）—抽真空—溅射清洗—溅射镀膜—取件—镀后处理—检测。工艺参数包括：偏压、靶功率、真空度（工作压力）、磁场强度等。

下面是一组溅射镀膜的工艺参数，可供参考：本底真空度为 10^{-3}Pa 数量级；工作真空度为 10^{-1}Pa 数量级；磁控溅射运行电压为 500～600V；空载电压为 800～1000V；溅射工作电流从几安到几百安；靶功率密度为 5～36W/cm^2，具体视所要求的溅射速率和靶结构的冷却条件而定。

从工业生产的角度来看，溅射镀膜，特别是磁控溅射镀膜技术优点是较为突出的。它可镀材料范围广泛，特别是涂镀各种合金涂层相当方便，可通过制成合金靶、复合靶、镶嵌靶等方法制备出所要求配比的合金涂层。溅射镀膜沉积粒子能量大，到达基片的沉积粒子能量为 1～10eV，使成膜的结构致密，膜/基结合力高。它所制备的涂层与离子镀涂层相比，膜层均匀，表面平滑，光亮度好。溅射设备结构简单，溅射工艺运行条件要求不高。磁控溅射制备的涂层，除了各种功能膜在光学、电器、仪表、微电子等领域已有重要应用外，其大规模生产的透明导电玻璃在液晶显示器件上的应用已成为现实；溅射镀膜获得的 TiN、TiC、TiCN、TiAlN、CrN、HeN 等已广泛用作切削刀具、精密模具和耐磨零件的硬质涂层。近几年出现的采用平面镶嵌靶，匹配气体离子源的磁控溅射镀膜机，可以沉积 TiN-TiAlN 等多层涂层，应用效果相当好。随着溅射镀膜技术的不断进步，它在高科技领域和制造业中的应用前景将更加宽广。

8.2 离子镀技术

8.2.1 概述

真空离子镀膜技术（Ion Plating）简称离子镀，属于物理气相沉积（PVD）技术领域，是在真空蒸发镀膜和溅射技术基础上发展起来的一种新的涂层技术。早在1937年，英国Berghaus公司就已申请了有关离子镀的专利，但直到1963年D. M. Mattox开发出二极离子镀技术以后，离子镀技术才逐渐走向实用化，获得推广应用。离子镀是在真空条件下，利用气体放电或电弧放电，使工作气体或被蒸发材料（靶材）部分离化，在工作气体离子或被蒸发物质的离子轰击下，将蒸发物或其反应产物沉积在待镀工件（基片）上的过程。这是一项把气体放电或电弧放电、等离子体技术和真空蒸发技术结合起来的镀膜技术。经过40年的发展，在原先Mattox二极离子镀技术的基础上，先后开发出电子束离子镀（1971年）、活性反应（ARE）技术（1972年）、空心阴极离子镀（1972～1974年）、射频激发离子镀（1973年）和电弧离子镀（1979年）。其中，电弧离子镀的技术优势更大，它的优点很多：设备结构较简单，弧源既是阴极材料的蒸发源，又是离子源；离化率高，一般可达60%～80%，沉积速率高；入射离子能量大，膜/基结合力高，涂层质量好。因此，电弧离子镀应用面广，实用性强，作为硬质膜涂层手段，在刀具和各种工模具上已获得重要应用，有广阔的应用前景，已发展为世界范围的一项高新技术产业。

通过真空离子镀技术，在高速钢、硬质合金和其他工模具材料基体上涂覆一层硬质涂层（一般只有几微米厚），是提高刀具、模具耐磨性、热稳定性，延长其使用寿命的有效途径之一。在硬质涂层家族中，经过多年的研发，已经出现了不少新的品种。如今，钛基复合氮化物和碳氮化合物涂层、其他金属的氮化物及多元高硬度难熔化合物涂层、多元多层复合涂层，已不鲜见。但是，工模具的主流涂层仍是TiN系涂层，同时TiN系涂层也是制备其他性能涂层的基础。

虽然由于离子镀涂层技术在高速钢上的成功应用使硬质涂层刀具在先进工业国家中已获得普遍的采用，但与国外相比，国内的实际商业应用仍较少。有专家估计，我国的刀具涂层技术与国际水平相比，仍落后10年左右。差距是多方面的，从性能方面讲，国内许多涂层刀具产品的膜/基结合力低，在切削时涂层容易剥落，刀具寿命短；另外还有表面颗粒较粗大和色泽等一些问题。因此，必须从镀膜设备、工艺技术、涂层材料等方面，乃至工模具材料品质、热处理技术、刀具制造精度等一系列环节上，全面提高技术水平，使涂层刀具质量在较短时间内得到提高。

目前，从已发表的文献资料和实际生产应用看，工模具硬质涂层表面改性工艺主要集中在电弧离子镀上，故本节的论述将主要从电弧离子镀技术展开。

8.2.2 电弧离子镀的基本原理

电弧离子镀是把真空弧光放电用于蒸发源的技术。由于镀膜设备中通常设置有多个阴极靶，把这种技术实用化的美国Multi-Arc公司又称其为多弧离子镀。

图8-4所示是电弧离子镀的原理示意图。真空室中有一个或多个作为蒸发离化源的阴

极。蒸发离化源由蒸发材料制成的阴极、磁场线圈、固定阴极的座架、水冷系统、引弧电极（触发极）等组成，其结构如图 8-5 所示。离子镀工作室的炉壁作为阳极（接地），工作时真空室压力控制在 10^{-1} ~ 10^{-3}Pa。低压大电流直流电源同时与蒸发离化源和引弧电极相接。引弧电极在与阴极表面接触与离开的瞬间引燃电弧，一旦电弧被引燃，低压大电流电源将维持阴极和阳极之间弧光放电过程，其电流一般为几安至几百安，工作电压为 10 ~ 40V。

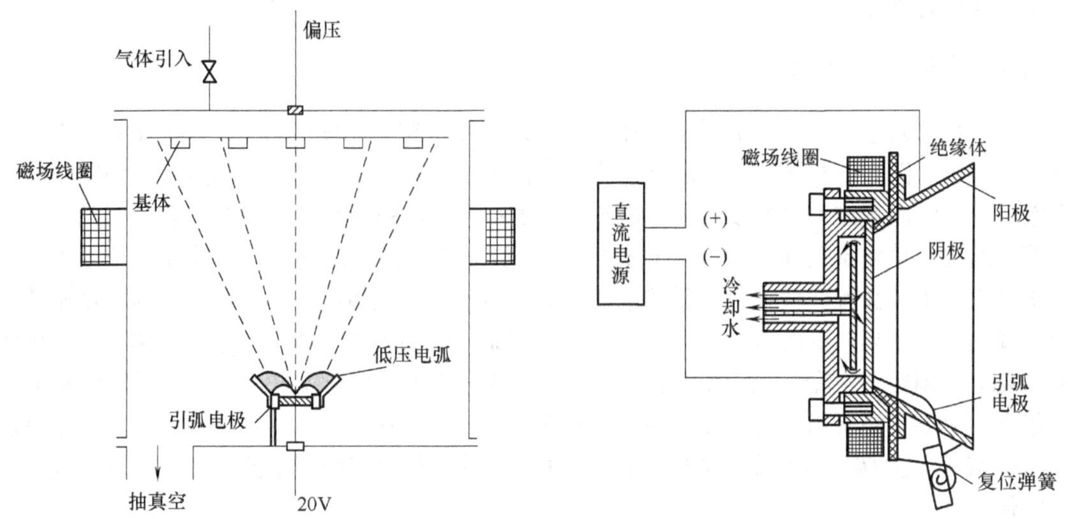

图 8-4　电弧离子镀原理示意图　　　　图 8-5　阴极电弧蒸发离化源结构

真空电弧离子镀是基于冷阴极真空弧光放电理论的一种沉积技术。按照这种理论，电量的迁移主要借助于场电子发射和正离子电流。这两种机制同时存在，而且相互制约，其过程比较复杂。J. E. Daolder 认为此过程由如下步骤组成：

1）在放电过程中，阴极材料大量蒸发和离化，所产生的部分正离子被吸引在阴极表面附近很小的范围内，形成空间电荷层，由此产生强电场，使阴极表面功函数小的点（如晶界、裂纹等缺陷处）开始发射电子（场电子发射）。

2）在个别发射电子密度高的点，电流密度高，所产生的焦耳热使表面温度升高又产生热电子发射，这种正反馈作用导致电流局部集中。

3）电流局部集中所产生的焦耳热使阴极材料局部微区爆发出等离子化，发射电子和离子，同时也放出熔融的阴极材料粒子（液滴），然后留下放电痕迹。这些放电微区通常称为弧斑。

4）部分发射出的离子被吸引回阴极表面区附近的空间中，形成新的空间电荷层，产生新的电场，又使新的功函数小的点开始发射电子。

这个过程反复进行。弧斑在阴极表面上激烈地、无规则地运动。弧斑的数量一般与电流成正比增加，因此可以认为每一个辉点的电流是常数，并随阴极材料的不同而异。弧斑极小，通常为 1 ~ 100μm，并且具有很高的电流密度，其值为 10^7 ~ 10^8 A/cm²，温度高达 8000 ~ 40000K。这些弧斑的延续时间很短，约为几十至几千微秒。从弧斑放出的物质，大部分是离子和中性原子，还有少量熔融粒子。当在基片加上负偏压（100 ~ 1000V）时，弧斑发出的定向运动的原子和离子束流，在负偏压作用下沉积在基片上，并与工作气体（如

N_2）原子（离子）发生等离子化学反应，遂形成涂层（如 TiN）。整个镀膜过程涉及许多物理效应，如离子轰击、溅射、离子注入、原子混合、热峰效应、增强扩散、等离子化学反应等。

一般在系统中需设置磁场以改善蒸发离化源的性能。磁场使电弧弧斑加速运动，增加阴极发射原子和离子的数量，减少大颗粒（液滴）的含量，这就相应地提高了沉积速率、涂层质量及附着性能。

8.2.3 电弧离子镀膜机

实用化的真空电弧离子镀膜机有多种形式，现介绍较有代表性的俄制 Вулат-6 真空电弧离子镀膜机。图 8-6 与图 8-7 所示分别为这种镀膜机的结构原理图和实物照片。该镀膜机由真空系统、镀膜系统和电气及控制系统组成。真空系统由机械泵、扩散泵、各种阀门及真空规管等组成，真空室尺寸为 ϕ600mm×600mm，极限真空度可达 10^{-3}Pa。镀膜系统由大束流冷阴极离子源、弧源、气体引入系统组成。离子源可提供气体离子束，用于溅射清洗基体表面，或用于离子束辅助沉积。镀膜室内有三个弧源，分别安装在顶部及左右两侧。弧源由阴极（靶）、阳极、引弧杆及控弧磁场线圈组成。在阴极真空弧光放电过程中，尽管弧斑的温度很高，但整个靶材由于有水冷，温度只有 50～200℃。为了维持真空电弧，一般要求电压为 10～40V。这种冷阴极弧光放电，依靠弧斑产生的镀料蒸气即可维持，不必通入氩气为工作气体。

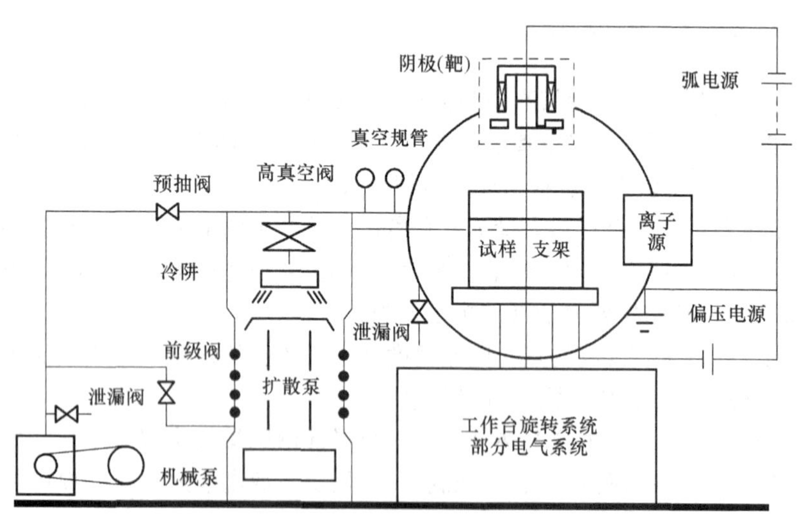

图 8-6 Вулат-6 真空电弧离子镀膜机结构原理图

Вулат-6 真空电弧离子镀膜机在每个弧源靶的外部专门设置了一个有一定长度的电磁线圈。电磁线圈主要是影响离子运动轨迹及起加速和聚焦的作用，故也称聚焦线圈。电磁线圈的设置有利于减少液滴和提高蒸发靶料原子的离化率。用热电偶辅助红外测温计测定真空室内的温度，通过质量流量计控制气体流量，由真空计测量真空室内气体的压力。

国内大连理工大学三束材料改性国家重点实验室和广东工业大学材料与能源学院等单位装备有该型号的设备。

8.2.4　电弧离子镀的工艺设计

要制备出高性能的涂层，合理的工艺设计是技术关键。除了清洗工艺外，涂层过程的工艺参数有本底真空度、弧流、基体负偏压、气体流量、工作气体压力、基材预热温度、镀膜温度、沉积速率等。此外，装夹方式也很重要。电弧离子镀工艺过程及其参数的联系如图8-8所示。不同组织结构的涂层，其物理、力学性能不同，工艺参数的选择与调整应以获得最佳的涂层结构和性能为依据。通常，高的负偏压和低的气体压力可产生致密平整的纤维状组织，涂层强度、硬度高；而低的负偏压和高的气体压力会导致较粗大的锥状形态的柱状晶，组织较为疏松，强度、韧性低。但是，负偏压过高，产生过度的溅射，又会降低沉积速率。基材预热温度对涂层内应力有影响。而镀膜温度除对基材的强度、硬度有影响外，对膜/基结合力的影响尤其明显，较高的镀膜温度有利于膜/基结合力的提高。合适的镀膜温度因不同的材料而异，如高速钢的合适镀膜温度为500～550℃；D2钢（Cr12Mo1V1）的为400～500℃（基材高淬高回火）；硬质合金的为600～700℃。镀膜温度的控制是通过弧电流或偏压来调节的，弧流对温度的影响比偏压更大。在施镀前，可先用高偏压（800～1000V）、大弧流（100～150A）对工件进行溅射清洗，并使工具、夹具和工件预热至一定的温度。但溅射清洗应以不致刃锋过热为度，并且过分的刻蚀，也将导致刃锋的钝化，这对薄刃刀具要十分小心。通入氮气开始镀膜以后，适时将弧流与偏压降低。工艺上，随镀膜过程的进行，可依次建立一级偏压、二级偏压、三级偏压和一级弧流、二级弧流、三级弧流。通过调整电气参数，使施镀工件温度平缓上升到设定的镀膜温度。总之，镀膜温度（基体温度）是一个非常重要的参数，而且该参数与其他电气参数又有直接的联系，在工艺设计时，以其作为主控参数，实现对工艺过程的控制。在整个工艺周期，由计算机按预设的工艺规范进行调节和控制，可保证工艺的可靠执行和产品品质的稳定。在计算机工艺库中可随意调用不同的工艺。

图8-7　Вулат-6真空电弧离子镀膜机

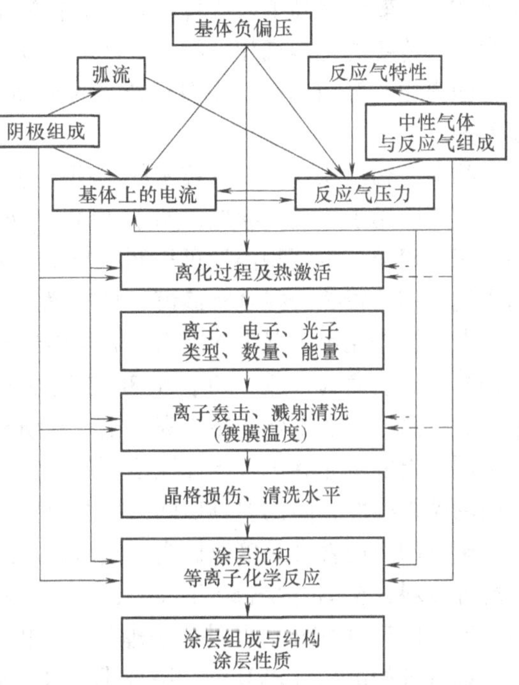

图8-8　电弧离子镀工艺过程及其参数的联系

8.3 工模具真空涂层产业的发展

8.3.1 工模具真空涂层产业的发展现状

制造业，特别是装备制造业的整体能力和水平，与切削加工、成型技术及切削刀具、模具的发展水平关系极大。可以预测，在21世纪前期，工模具及其加工技术仍将是制造业的主要工艺装备和基础工艺，并将在革新传统工艺、开发新的加工工艺技术中发挥重要作用。

工模具表面真空涂层技术，是近几十年为适应制造业的发展和市场的需求而发展起来的先进材料表面改性技术。采用涂层技术可有效提高工模具的使用性能、可靠性和工作寿命，从而大幅度提高机械加工和材料成型的工作效率。经过20多年的努力，中国的制造业迅速崛起，中国已成为世界瞩目的制造业大国。为适应这个发展形势，使工模具制造技术提高到一个新的水平，大力发展工模具涂层加工技术具有重要意义。

20世纪60年代以来，化学气相沉积（CVD）技术在国外就已应用于硬质合金刀具的表面改性，有效地提高了硬质合金刀具的整体质量和切削速度。但由于其自身缺点的制约，迄今为止，传统的化学气相沉积（CVD）工艺在模具涂层领域的应用并不广泛。从已有资料看，国内化学气相沉积（CVD）技术的总体水平，与国际水平差距不大，但实际商业应用还不多。

物理气相沉积（PVD）技术的出现可追溯到19世纪中叶，但它作为一项成熟的镀膜技术，广泛应用于工模具涂层，始于20世纪70年代。相对于化学气相沉积（CVD），物理气相沉积（PVD）的沉积温度可控制在500℃以下，加上无污染，符合“绿色制造”理念，因而受到人们的青睐。在真空蒸镀、真空溅射沉积和离子镀三种物理气相沉积（PVD）技术中，离子镀产品由于沉积速度高、膜层组织致密、硬度高、与基材结合牢固，对工模具作为耐磨防护涂层尤为合适。20世纪80年代以来，离子镀已发展成为世界范围内的一项高新技术产业。离子镀的主要产品为高速钢和硬质合金刀具上的氮化钛或相关体系的耐磨涂层和不锈钢制品上的氮化钛仿金装饰镀层。氮化钛或相关体系的耐磨涂层硬度很高，能减小工模具表面的摩擦因数，降低刀具切削刃部的温度，提高刀具的加工速度和工件表面质量，并使刀具和模具的使用寿命成倍地提高。这对难加工材料和高速切削的工况条件，效果更加明显。据统计资料，至20世纪80年代末，先进工业国家高速钢复杂刀具的物理气相沉积（PVD）涂层比例已超过60%。此外，物理气相沉积（PVD）技术在许多模具上也获得了应用。

物理气相沉积（PVD）涂层技术在高速钢刀具领域的成功应用，引起了世界各国制造业界的高度重视，先进工业国家竞相开发高性能、高可靠性镀膜设备，使物理气相沉积（PVD）涂层技术有了长足的进步。其中，电弧离子镀和溅射镀膜设备和工艺的进步最大。在设备和工艺改进的同时，人们也对物理气相沉积（PVD）涂层技术应用领域的扩展，尤其是在硬质合金、陶瓷类刀具和精密模具中的应用进行了更加深入的研究，并且不懈地开发出新的涂层材料。如今，钛基复合氮化物和碳氮化合物涂层、其他金属的氮化物及多元高硬度难熔化合物涂层、多元多层复合涂层已不鲜见。近几年，人们又开展了纳米涂层的研究和应用。为了使涂层技术的应用获得更大的扩展和拓宽物理气相沉积（PVD）涂层的基材范围，近十年来，人们在开发涂层的低温沉积技术上也做了一些卓有成效的探索。

我国从20世纪80年代后期以来，就相当关注工模具物理气相沉积（PVD）涂层技术的应用和研发工作。20世纪80年代末，当时国内几家刀具生产骨干企业先后从欧美发达工业国家引进了国际上先进的各类镀膜设备；同时，一些研究院所和真空设备厂也致力于工业用等离子体镀膜机的研制。但由于国内研发的镀膜设备性能指标和可靠性不高，难以制备出具备产业化规模的合格刀具涂层，而进口的设备又价格昂贵，涂镀成本较高，因此物理气相沉积（PVD）工模具涂层技术的实际商业应用长期徘徊不前。目前，我国涂层刀具市场上的主要供应厂家仍是20世纪80年代末或前些年进口欧美涂层设备的那几家国有刀具生产骨干企业，如株洲硬质合金集团有限公司、哈尔滨第一工具制造有限公司、上海工具厂有限公司、成都成量工具集团有限公司、成都工具研究所、自贡硬质合金有限公司、贵阳工具厂等。这些企业除了生产物理气相沉积（PVD）涂层刀具产品外，有的还有CVD硬质合金刀具涂层产品。

珠三角、长三角等东部发达地区，近几年也陆续建立了一些专业性的涂层加工企业，这是以合资或独资企业、港台企业和民营企业为主体的一支真空涂层生力军，较有代表性的是广东世创金属科技有限公司（民营）、龙记集团河源涂层部、亚特梯尔镀层科技有限公司（合资）、肯纳金属（上海）有限公司（独资）、上海纳微涂层有限公司（合资）、赛特斯表面处理技术（上海）有限公司（独资）、苏州天威塞利涂层技术有限公司（合资）、上海舍福表面处理技术有限公司等。上述企业大多是专业的工模具涂层加工公司，但由于接受的主要是客户的涂层服务，涂层质量除了受自身涂层设备、工艺水平的影响外，还受客户产品的钢材品质、工模具的加工制造质量（如产品表面粗糙度、磨刀质量等）和热处理状态的很大影响，故对这些专业涂层公司的涂层工模具产品质量也不能期望过高。

实际上，工模具的涂层质量和效果受多种材料和工艺因素的制约，反映的是综合的制造业水平；而且我国工模具涂层加工产业的发展也相当不平衡，东西部差距不小；全国涂层产品的总量和所占的比例也还不大。有统计显示，至2005年，我国涂层硬质合金刀具产量占总产量的25%左右，涂层高速钢刀具占总产量的10%左右，涂层模具则很少。

从总体上看，中国的涂层技术和质量水平还不高，涂层产业规模还不大，与国外的涂层产品相比还有较大的差距。但可以相信，随着制造业和高新技术的发展，中国涂层产业的发展空间十分广阔，涂层技术和涂层工模具的生产应用将会取得更大的进步。

8.3.2 加速发展工模具涂层技术的对策

1）研发有自主知识产权的先进涂层设备。应用和推广工模具涂层技术，关键在于拥有先进的镀膜设备。20世纪80年代后期，国内几家刀具生产骨干企业引进的涂层系统，在相当长一段时间内满足了这些企业的生产需求，为我国刀具涂层技术的发展起过推动作用。但这些涂层设备主要是为制备单层TiN涂层设计的，属于第一代水平。之后，国内一些真空设备厂和科研单位，在设备研发上虽然作过不懈的努力，但由于缺乏对工模具镀膜工艺的深入理解，又与工具厂合作不够，因此开发的涂层设备大多无法满足工模具涂层工艺和质量的要求，尤其是精密高速钢工模具涂层技术尚达不到批量生产水平。目前，国外刀具涂层技术已发展到第四代，我国也必须迎头赶上。

引进国外新一代先进的涂层系统，是解决问题可供选择的一种途径。但欧美国家的设备十分昂贵，作为样板可以，大面积引进则不可行；而且引进设备的高昂成本导致涂层价格居高不下，在当前的企业环境下，多数的客户难以接受，这对工模具涂层技术的推广应用和快速发展不利。

自行研发高水平的先进涂层设备势在必行。技术难度高是不言而喻的，开始阶段可以采用中外合作制造或引进关键部件后在国内配套组装等多种形式。我国东部沿海的一些科技型企业，已经在走产、学、研的道路，在研发新技术、新设备方面积累了许多经验和孵化出不少有价值的成果。涂层技术和设备的研发与制造也应该这样做。在政府的支持下，经过持续的努力，在引进、消化、吸引的基础上不懈创新，相信在不长的时间内定会研发出有自己知识产权的先进涂层系统。作为正在崛起的世界制造业大国和强国，要发展起与此地位相适应的涂层加工业，研发和制造出有自己知识产权的先进涂层设备是必经之途。

2）要努力扶持一批民营涂层企业发展。前面已提及，珠三角、长三角等东部发达地区，近几年陆续建立了一些专业性的涂层加工企业，这是以外商独资或合资企业和民营企业为主体的一支真空涂层生力军。但总体来看，外商独资企业有较雄厚的实力，多使用国际先进设备和技术，起点高；而相对来说，国内的涂层企业（主体是民营企业）力量相对薄弱。要使中国的工模具涂层产业有实质性的进步，国内的涂层企业，特别是民营企业的发展至为重要。

要使民营涂层企业加快发展，离不开相关政策的扶持，以企业为主体的产、学、研的发展也是重要的因素。近几年国内高校和研究院所在先进涂层材料制备方面开展了不少研发工作，每年发表的相关科技论文数以百篇计，但与生产和应用相结合的不多，涂层设备的相关工作也少；而且高校与研究院所形成产业的能力较弱。国家相关部门应制定合适的政策，给予更多的引导，鼓励多建立以企业为主体的产、学、研结合机构，努力推动涂层产业的发展。

3）建立合理的涂层产品结构。有市场调查表明，在欧美发达国家，前几年工模具涂层市场由切削工具涂层（40%）、切削工具再涂层（20%）、成型工具涂层（30%）和模具涂层（10%）四部分组成。而在我国，大概还难以统计出较可靠的涂层产品结构来。就切削工具涂层来说，除几家原先的国营刀具生产骨干企业的部分刀具产品进行涂层外，中小企业，特别是民营中小工具厂的刀具产品大多并未进行涂层，涂层的质量也较低（有的大概是装饰镀）。另外，随着外商的进入和进口数控机床和加工中心的引进，大量国外进口涂层刀具也随之进入，刀具用后的再涂层（二次涂层）任务相当大。目前，专业涂层企业的主要产品大多是接受中间商的商品刀具涂层（出厂后的首次涂层），其次是成型工具或各种模具的涂层。由于模具产品种类规格多，批量不大，造成涂层成本相对较高，容易被忽视。诚然，涂层的产品结构主要受市场调节，但应大力开展模具的涂层和切削刀具的再涂层。合理的涂层产品结构，有利于涂层产业的发展和我国工模具涂层技术整体水平的提高。

8.4 物理气相沉积（PVD）技术在工模具中的应用

物理气相沉积（PVD）技术由于沉积温度低于高速钢和高合金模具钢的回火温度，故对各种高速钢工具和许多精密模具的表面涂层处理是十分合适的。随着制备技术的进步和涂层材料性能的改善，其在复杂成型硬质合金刀具，如各种铣刀、钻头和齿轮刀具方面的应用水平也有很大的提高。

8.4.1 常用物理气相沉积（PVD）涂层的特性和应用

表8-1和表8-2分别是几种常用物理气相沉积（PVD）涂层的特性和推荐的涂层应用。对涂层特性，不同的研究者，由于其采用的设备及工艺方法不同，所得结果略有差异，表8-1数据仅供参考。

表8-1 常用的物理气相沉积（PVD）涂层特性

涂层材料	TiN	TiCN	CrN	ZrN	TiAlN	TiAlCN
硬度（HV）	2300	3000	1800	2400	2800～3500	2800
摩擦因数	0.55	0.45	0.5	0.5	0.5	0.45
厚度/μm	2～4	2～4	3～5	2～4	2～4	2～4
工作温度/℃	550	400	650	600	800	500

表8-2 推荐涂层应用

被加工材料	钻	车削	铣削	攻螺纹	铰孔	注塑模	冲压模	拉伸模	五金成型模
钢铁	TiAlN、TiN	TiAlN、TiN	TiAlN、TiAlCN	TiCN、TiAlN	TiAlN、TiAlCN	CrN、TiN	TiAlCN、TiCN	TiAlCN、TiCN	TiAlCN、TiCN
有色合金（Ti，Al，Mg，Ni）	TiAlN	TiAlN	TiAlN、TiAlCN	TiAlCN、TiCN	TiAlN、TiCN	CrN、TiN	TiAlCN、TiCN	TiAlCN、TiCN	TiAlCN、TiCN
黄铜、青铜	CrN、TiAlN	CrN、TiAlN	CrN、TiAlN	CrN、TiAlN	CrN、TiAlN	CrN、TiN	CrN、TiCN	CrN、TiCN	CrN、TiCN
塑胶	TiCN、TiN	TiAlN、TiN	TiAlN、TiN	TiAlCN、TiN		TiN、CrN			

8.4.2 物理气相沉积（PVD）涂层刀具

下述实例都是作者所在课题组进行的切削性能对比试验结果。

1. TiN涂层刀具的切削性能

ϕ10mm直柄麻花钻钻头，材料为W6Mo5Cr4V2高速钢，经常规淬火和回火处理（1260℃淬火、560℃回火三次，硬度为62HRC）。ϕ10mm四刃直柄铣刀，材料为YT14硬质合金，化学成分（质量分数）为78%WC、8%TaC、14%Co，经粉末冶金烧结成型。

沉积设备为俄罗斯生产的STANKIN-NBC-1型多功能电弧等离子体镀膜机。该机配置三个阴极靶，带有可移动电子分离屏的电子和氩离子刻蚀系统。涂层前，刀具经严格的清洗。基本涂层工艺为：先抽真空至0.005～0.010Pa本底真空度，并对工件进行预热，随后进行Ar离子刻蚀和金属离子刻蚀；然后通入0.1～0.5Pa的氮气，在50～80A弧流与150～300V的负偏压下沉积TiN涂层45min，沉积温度为450～460℃。

对同炉高速钢试样进行的X射线衍射图谱分析表明，涂层的组成物为TiN相和少量的Ti相。面心立方结构的TiN在（111）面上具有强烈的晶体生长择优取向，未见四方方结构

的 Ti_2N 衍射峰。Ti 的衍射峰是液滴所致。从晶体学角度分析，TiN 相具有与（111）或（222）密排面一致的择优取向时，微观上比具有（200）取向的 TiN 更加致密，这有助于提高涂层结合力和耐氧化性，同时脆性较大的 Ti_2N 相对减少，给膜基结合力也会带来有益的贡献。

图 8-9 所示为 W6Mo5Cr4V2 高速钢试样 TiN 涂层的表面形貌。经测定，涂层厚度为 3.2μm。由图可见，TiN 涂层均匀致密，涂层表面平滑，Ti 滴（白色）数量少，并且颗粒大多数较细小。照片中的黑色阴影应是沉积时离子轰击致使液滴脱落而留下的痕迹。液滴数量少及液滴尺寸小，有利于提高 TiN 涂层的表面硬度及致密性，从而提高涂层的耐磨性及氧化抗力。

图 8-9　高速钢试样的 TiN 涂层表面形貌

表 8-3 为两种材料显微硬度的测定结果。由于涂覆的 TiN 涂层较薄，涂层的硬度在一定程度上受基材硬度的影响。由表 8-3 可知，镀膜后显著提高了表面硬度，这有利于改善刀具抵抗磨损的能力。采用 WS-92 涂层附着力划痕试验机对试样进行膜基结合力的测试，加载速率为 100N/min，划痕速率为 4mm/min，停止载荷为 100N。每个样品做三次划痕试验，根据划痕声测图上出现连续峰时的实际试验力，结合金相显微镜观察划痕边沿涂层的脱落情况，以确定临界载荷，并以此表征膜基结合力。综合分析后得出，TiN 涂层的膜基结合力超过 100N。

表 8-3　两种材料试样的显微硬度

基体材料	涂层硬度（HV）	基体硬度（HV）
W6Mo5Cr4V2	1830 ~ 1960	730 ~ 800
YT14	1970 ~ 2120	1700 ~ 1800

分别对两种刀具进行切削性能试验。钻头切削试验采用的机床为 Z5140A 型立式钻床，切削主轴转速分别为 500r/min、710r/min 和 1000r/min，进给量为 0.112mm/r，钻孔深度为 22mm，切削方式为干切削。被加工材料为 40Cr，经调质处理后硬度为 36 ~ 40HRC。在试验过程中，当钻头发出剧烈响声或异常振动等不能正常切削现象时，立即停止试验。当切削主轴转速为 500r/min 时，无涂层钻头和有 TiN 涂层的钻头都能够平稳地进行切削，且切削声音较小，有 TiN 涂层钻头的寿命是无涂层钻头的 5 倍以上。当主轴转速为 710r/min 时，无涂层钻头已不能稳定地切削，且切削声音大；有 TiN 涂层钻头则能平稳地进行切削，且切削声音相对较小，有 TiN 涂层的钻头寿命是无涂层钻头的 6 倍以上。当主轴转速为 1000r/min 时，无涂层钻头在刚开始钻孔时就发出较大的响声，第一孔还没钻完，钻头已经发红，出现了严重的烧损；有 TiN 涂层的钻头却能相对平稳地进行切削，但切削声音也很大，寿命大约是无涂层钻头的 7 倍以上。切削试验数据和结果见表 8-4。由表中数据可知，随着切削速度的提高，涂层钻头优势更加明显。有涂层高速钢钻头适用于高速加工，寿命大约是无涂层钻头的 5 ~ 7 倍。

表 8-4　不同钻头切削试验数据和结果

主轴转速/(r/min)	500		710		1000	
	钻　孔　数	总深度/mm	钻　孔　数	总深度/mm	钻　孔　数	总深度/mm
无涂层钻头	8	161	6	122	1	21
TiN 涂层钻头	39	866	34	744	7	152
相对寿命	5.38 倍		6.10 倍		7.24 倍	

铣刀切削试验在 XK5032 型数控立式升降台铣床上进行，控制系统为 GSK CNC Series 990M，切削主轴转速分别为 600r/min、1180r/min、1500r/min 和 1800r/min，进给量为 0.13mm/r，铣削深度为 2mm，切削方式为干切削。被加工材料与上例同（40Cr，36～40HRC）。试验内容是在被加工材料实体上铣削凹槽。在四种不同主轴转速的试验方案中，当无涂层铣刀发出剧烈响声时，停止切削。检验发现四条侧刃后刀面磨损带 $VB \geqslant 0.5$mm（测量位置距离刃尖 1mm），切削刃口已经磨钝或崩刃，因此认为无涂层铣刀已经达到刀具寿命的极限；而有 TiN 涂层铣刀的切削声音相对较小，且侧刃后刀面磨损带较小，$VB = 0.2 \sim 0.3$mm，还可以继续正常切削加工。由表 8-5 可以看出，有 TiN 涂层铣刀的寿命是无涂层铣刀的 3～11 倍。试验结果也表明，涂层硬质合金铣刀要在适当的切削速度中才能更好地发挥涂层的潜力，此时刀具的使用寿命更高。

表 8-5　不同铣刀铣削凹槽的总长度

主轴转速/(r/min)		600	1180	1500	1800
铣削凹槽总长度/mm	无涂层铣刀	805	1039	1741	1296
	TiN 涂层铣刀	8672	4064	13090	14747
相对寿命		10.77	3.91	7.52	11.38

2. TiN 复合涂层高速钢钻头

复合涂层的制备在俄罗斯 STANKIN-NBC-1 型多功能电弧等离子体镀膜机上进行。该设备除电弧离子镀功能外，还装备有金属原子（离子）过滤装置和等离子渗镀系统。高速钢钻头的材料与规格同上例。复合涂层工艺是先在 460℃渗氮 15min，再沉积 TiN 45min。复合涂层记为 NL/TiN（NL 为渗氮层之意）。为进行切削性能的对比，在该设备上也制备了 TiN 涂层刀具（工艺同前面钻头例）。各取五支，与未涂层的钻头在相同条件下进行切削试验。

切削性能试验采用的机床和切削参数同上例。试验结果表明，当主轴转速分别为 500r/min、710r/min 和 1000r/min 时，TiN 涂层钻头的寿命分别是无涂层钻头的 5 倍、6 倍和 7 倍，而 NL/TiN 复合涂层钻头的寿命大约是无涂层钻头的 6 倍、7 倍和 9 倍，NL/TiN 涂层钻头有一定的优势，较 TiN 涂层钻头寿命分别提高了 12%、15% 和 20%。表 8-6 为主轴转速在 1000r/min 时，三种钻头钻削的试验数据；图 8-10 所示为三种钻头钻削总深度的对比。

3. TiCrN 涂层及 NL/TiCrN 复合涂层铣刀

试验铣刀为 W6Mo5Cr4V2 高速钢制成的 ϕ10mm 直柄立铣刀。涂层沉积的设备同前。采用两个钛靶和一个铬靶，涂层工艺是在 460℃沉积 TiCrN，时间为 45min。对复合涂层在沉积 TiCrN 涂层前，先进行预渗氮，时间为 30min。

表 8-6　三种钻头的钻削试验数据

ϕ10mm 钻头（HSS），n=1000r/min，f=0.112mm/r，干切削，材料：40Cr，350HBS					
序　号	钻头种类	加工孔数	左刃磨损量/mm	右刃磨损量/mm	钻孔总深度/mm
1	无涂层钻头	1	2.00	2.00	21
2	TiN 涂层	7	1.80	1.70	152
3	NL/TiN 涂层	9	1.20	1.20	189

切削机床型号为 XK5032 型铣床，该铣床的工作台和主轴的刚性较好，主轴旋转精度较高，加装了光栅尺系统，分辨率为 1μm，铣削深度定位准确。测量仪器为 15J 型测量显微镜，测量精度为 0.01mm。切坯材料采用 40Cr（硬度为 350HBS）。铣削时，保持进给量 f=0.13mm/r，主轴转速分别选择 n=475r/min、750r/min、950r/min、1500r/min 共四种方案，铣削深度 a_p=2mm，在切坯材料实体上铣削直通槽，采用无润滑液的干切削试验方式。

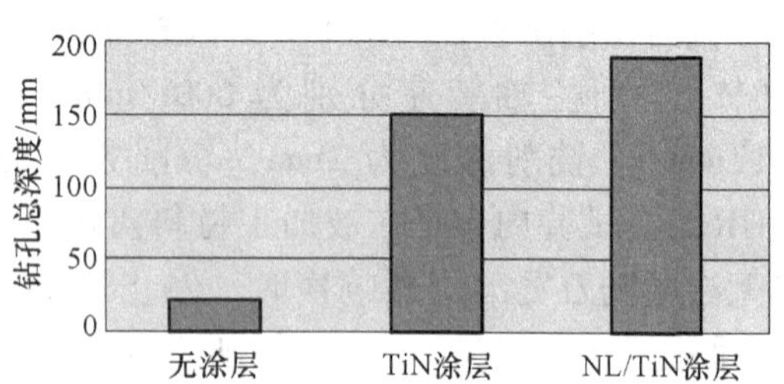

图 8-10　三种钻头的钻孔总深度对比

综合几种铣削速度较低的试验数据进行分析（前三种）的结果表明，随着切削速度的提高，涂层铣刀相对无涂层铣刀的优势越来越大。TiCrN 涂层高速钢铣刀的寿命是无涂层铣刀的 3～5 倍，而 NL/TiCrN 复合涂层高速钢铣刀的寿命是无涂层铣刀的 3.6～6 倍。对于两种涂层铣刀来说，NL/TiCrN 复合涂层铣刀有一定的优势，较 TiCrN 涂层铣刀的寿命提高了 10%～30%。表 8-7 为主轴转速在 750r/min 时，三种不同铣刀铣削的试验数据；图 8-11 所示为三种铣刀钻削总深度的对比。

表 8-7　三种不同铣刀铣削的试验数据

ϕ10mm 铣刀（HSS），n=750r/min，v_f=100mm/min，a_p=2mm，干切削，材料：40Cr，350HBS						
序　号	铣刀种类	铣削总长度/mm	侧刃后刀面磨损量 VB/mm			
			第一刃	第二刃	第三刃	第四刃
1	无涂层铣刀	986	0.48	0.43	0.37	0.44
2	TiCrN 涂层	4235	>1	>1	>1	>1
3	NL/TiCrN 涂层	5897	0.27	0.28	0.24	0.26

当主轴转速达到 1500r/min 时，无涂层高速钢铣刀已不能铣削这种较高硬度的工件，此时两种涂层高速钢铣刀却还能平稳地进行切削加工。三种铣刀铣削总长度分别为 5mm、1833mm 和 2187mm。从试验数据看，常规 TiCrN 涂层铣刀和复合涂层铣刀的寿命分别是无涂层的 366 倍和 437 倍，这说明涂层高速钢铣刀可以应用于高速加工，并且复合涂层的铣刀切削效果更好。

复合涂层技术在广东世创金属科技有限公司中已投入实际应用，高速钢齿轮滚刀、麻花钻头、铣

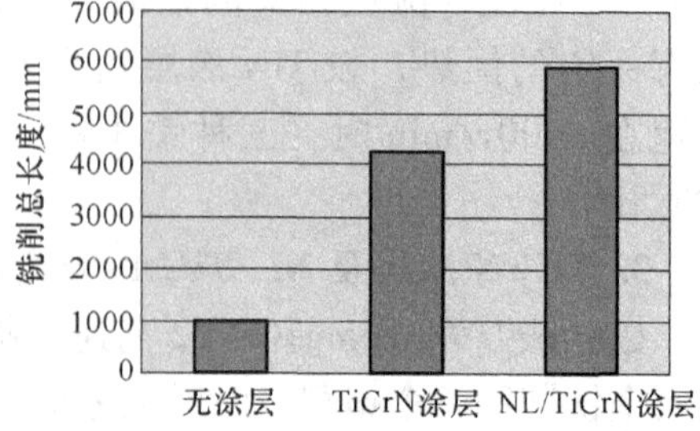

图 8-11　三种铣刀的铣削总长度对比

刀、拉刀等复合涂层刀具都取得良好的使用效果。图 8-12 所示为该公司生产的部分涂层刀具照片。

图 8-12　广东世创金属科技有限公司的部分涂层刀具照片

8.4.3　物理气相沉积（PVD）涂层模具

随着模具产业的发展，物理气相沉积（PVD）硬质涂层技术在模具强化中的应用日益增多。从目前国内外的应用情况看，涂层材料已从最初的 TiN 逐渐拓展到 TiN 与 CrN、TiAlN、TiAlCN、TiCrN 等多种涂层，复合涂层与纳米涂层也开始进入涂层市场。

由于受发展程度的制约，国内的模具涂层仍以 TiN 为最多。表 8-8 为某汽车生产企业采用 1985 年从美国引进的 ATC-400 和 ATC-500 型电弧离子镀膜系统生产的部分涂层模具的使用效果。从结果可见效果是明显的，寿命提高 2 ~ 9 倍。

表 8-8　国内某汽车生产企业 TiN 涂层模具的使用效果

模具类型	模具型号	加工零件	加工设备	涂层前/千件	涂层后/千件
冷挤模	M6-Y46	轮胎螺母	压力机	3 ~ 4	8 ~ 10
冷挤模	M6-Y88	活塞销	压力机	3 ~ 4	7 ~ 8
冷挤模	M6-Y382	活塞销	压力机	6 ~ 7	12 ~ 13
冷冲模	M6-E164A	螺母	冷镦机	4 ~ 5	30 ~ 45
冷冲模	M6-E38	螺母	冷镦机	4 ~ 5	15 ~ 20
热锻模		排气阀	锻压机	5	21

表 8-9、表 8-10 分别为日本和欧美的一些企业在模具上应用 TiN 和其他硬质涂层的使用情况。

表 8-9 日本在几种模具中采用离子镀 TiN 涂层的效果

模具名称	模具材料	延长寿命倍数（与无涂层相比）	模具名称	模具材料	延长寿命倍数（与无涂层相比）
弯曲模	SKD1、SKD11	10	冲剪模	SKD1、SKD11、SKH9	2～5
深冲成形冲头和模具	SKD1、SKD11	10	塑料模	DC53（80r8MoV）	5
成形滚轮	SKD1、SKD11	10	铝压铸模	低碳基体高速钢	10
压头和模具	SKD1、SKD11、SKH9	2～10	锌压铸模	SKD61（H13）	5
镦锻冲头和模具	SKD1、SKD11、SKH9	2～5			

表 8-10 欧美的一些模具涂层前后的寿命比较

模具名称	工件材料	模具材料	涂层种类	未涂层寿命	涂层后寿命
塑料注射成型模	尼龙 6.6 + 玻纤 50%	Z38CDV5	TiN	78 万件	183 万件
塑料注射成型模			CrN	4 万件	23 万件
冲压模	INOX 304	K340	TiCN	900 件	6300 件
冲压模	INOX 304（0.8mm）	K340	TiCN	4 万件	15.6 万件
冲压模	INOX（0.8mm）		TiCN + MoV1C	4 万件	30 万件
拉深模	Fe42（3.5mm）	APM23	TiN	500 件	18600 件
拉深模			特制 CrN	100%	400%
挤压模	Al 6012	H13	表面渗氮		200 件
挤压模	Al 6012	H13	TiN + CrN		500 件
挤压模	Al 6012	H13	TiAlN		550 件
挤压模	Al 6012	H13	TiN/CrN 多层		2200 件

作者所在课题组采用 Вулат-6 型真空电弧离子镀膜机对某款高速钢螺钉冲头进行 TiAlCeN 涂层处理，阴极靶为 Ti-Ce 合金靶和 Ti-Al 合金靶。其中一种工艺为沉积单层的 TiAlCeN 涂层，另一种工艺为复合涂层。后者先把冲头进行液体渗氮，然后再沉积 TiAlCeN 涂层。生产试验表明，未涂层冲头冲制不锈钢螺钉的平均寿命为 2940 次，单层 TiAlCeN 涂层冲头为 10920 次，复合涂层冲头为 15120 次；TiAlCeN 单层涂层冲头寿命是未涂层的近 4 倍，而渗氮 + TiAlCeN 复合涂层冲头寿命则是未涂层冲头的近 6 倍，所冲制的螺钉头十字槽表面质量也较未涂层冲头的产品好。

广东世创金属科技有限公司用俄制 STANKIN-NBC-1 型多功能电弧等离子体镀膜机，按连续式原位合成工艺制备复合涂层，其涂层模具产品已进入模具市场。图 8-13 所示为该公司各种涂层模具实物照片。

图 8-13　广东世创金属科技的各种涂层模具实物照片

参 考 文 献

[1] 黄拿灿. 现代模具强化新技术新工艺 [M]. 北京：国防工业出版社，2008.

[2] 吴兆祥. 模具材料及表面处理 [M]. 2版. 北京：机械工业出版社，2010.

[3] 郭铁良. 模具制造工艺学 [M]. 北京：高等教育出版社，2008.

[4] 甄瑞麟. 模具制造工艺学 [M]. 2版. 北京：清华大学出版社，2009.